미니 100배 즐기기

실속 있고 트렌디한 감성 도시

치앙마이

옥미혜 지음

RHK
알에이치코리아

작가소개

옥미혜

10여 년간 KBS, MBC, EBS, 교통방송 등의 TV와 라디오 프로그램에서 원고를 쓰는 구성작가로 일했다. 1988년 태국을 시작으로 유럽, 아시아, 아프리카, 아메리카의 30여 개국으로 배낭여행을 다녔다. 여행을 좋아하는 방송작가로서의 경험과 취향이 자연스럽게 여행작가로 연결되었다. 이 책은 〈대한민국 펜션여행 바이블〉, 〈소도시 감성 여행〉, 〈요즘 제주〉(공저)에 이어 출간하는 네 번째 책이다.

Prologue

쉬엄쉬엄, 싸드락싸드락, 느릿느릿 치앙마이

놀랍게도! 내가 태국에 '치앙마이'라는 곳이 있다는 얘기를 들은 건 세계여행 자유화가 시행된 1988년 여름이었다. 당시 방송작가였던 나는 〈세계는 지금〉이라는 특집방송 차 당시 솜털이 뽀송뽀송하던 18세의 미스코리아 장윤정과 함께 태국을 담당하게 되었다. 그때 만났던 태국방송의 PD와 카메라맨이 치앙마이에 꼭 한 번 가보라 했던 것이다. 치앙마이 소수 부족의 이야기가 어찌나 강렬했던지 치앙마이를 떠올리면 왠지 아마존 정글의 원시 부족이 오버랩되곤 했다.

그 치앙마이를 거의 30년 만인 작년에야 다녀오게 되었다. 치앙마이는 두 가지 의미로 나를 놀라게 했으니 상상을 초월하는 세련된 감각과, 그럼에도 불구하고 여전히 사람에게 맡을 수 있는 무척 따뜻한 온기 같은 게 남아 있다는 점이다. 치앙마이를 떠올리면 뭔가 간질간질한 그리움이 있다. 빛바랜 티크 가옥 위로 무심하게 뻗친 담쟁이라든가, 촌발 날리는 비닐 식탁보 위에 던져놓은 코코넛이나 바나나 같은 것들 말이다. 치앙마이를 떠올리면 참, 내 영혼이 잘 쉬었다고 생각한다. 그래서일까. 치앙마이는 여자 혼자 여행하기 좋은 여행지로 늘 순위 안에 든다. 에너제틱한 액티비티나 쇼핑으로 트렁크를 한가득 채우는 여행이라기보다는 뭔가 쉬엄쉬엄, 싸드락싸드락, 느릿느릿 아주 소소한 어떤 것에 감탄할 줄 아는 여행자에겐 딱 맞은 그런 곳이다.

〈요즘 제주〉의 저자 입장에서 말하자면, 제주를 좋아한다면 당연히 치앙마이도 좋아할 거라 장담한다. 제주 여행 중 특히나 감성적인 어떤 것에 마음 울컥한 당신이라면 더더욱 치앙마이와 사랑에 빠지고야 말 것이다.

이 책은 시크한 촌스러움이 물씬한 치앙마이에서 나처럼 마음이 쉬어가기를 바라면서 만들었다. 워낙 '가성비 인생'이라 불릴 만큼 경제적이고 효율적이며 만족도가 높은 것을 좋아하는지라 숙소는 대형 리조트보다 가성비 좋은 숙소의 비중이 높고, 레스토랑 역시 현지의 맛을 즐기면서 비싸지 않은 곳으로 골랐다. 치앙마이의 저렴한 물가가 이런 실속 여행에 한몫했다. 이 책과 함께 짧게는 3박 4일부터 일주일 정도 여행하는 데 부족함이 없을 것이다.

어려움도 없진 않았다. 딱히 주변에 랜드마크가 없는 스폿의 위치를 설명하기가 여간 모호한 게 아니었다. 하지만 든든한 구글맵이 그 역할을 잘 해주리라 믿는다. 또 태국 현지인의 발음에 가깝게 적는 일도 그렇다. 지명이나 음식명, 상호 등이 가이드북마다 제각각 다른데 이 책에서는 최대한 태국 현지인들의 발음에 가깝게 쓰려고 노력했다. 그리고 프랑스어 상호는 프렌치 발음으로 적었다.

10월이 되면 따끈한 〈치앙마이 미니 100배 즐기기〉를 가슴에 품고 또다시 치앙마이로 떠난다. 조금은 흘가분한 마음으로 추진한 살가운 친구들과의 여행이다. 그들 인생 최고의 날들이 되리라 장담한다. 이번에 치앙마이에 가면 미처 가보지 못했던 치앙마이 외곽과 빠이도 가보려 한다. 특히 마시멜로 같이 말랑한 감성을 되찾아줄 감성 스폿을 많이 발견하고 즐기려 한다.

특별히, 방향치인 엄마와 치앙마이로 건너가 구글맵 찍어주고 함께 걸어주느라 몸살이 났던 딸에게 고마움을 전한다.

일러두기

미니 100배 즐기기는?

가이드북도 미니멀리즘이 대세! 〈미니 100배 즐기기〉는 〈100배 즐기기〉의 세컨드 시리즈로, 꼭 필요한 정보만 알뜰히 담아 볼륨을 줄인 콤팩트 가이드북입니다. 한눈에 쏙, 한손에 쏙, 미니백에 쏙 들어오는 크기로 가뿐하게 휴대하면서 여행 정보는 꼼꼼합니다. 이제 도시 여행, 이 한권으로 충분합니다.

정보 문의

이 책에 실린 여행 정보는 2017년 8월까지의 취재를 바탕으로 한 것입니다. 정확한 정보를 싣기 위해 노력했지만, 현지의 물가와 여행 정보는 끊임없이 변하기 때문에 변동 사항이 생길 수 있습니다. 여행 중 잘못된 정보를 발견한다면 아래 메일로 제보해주시길 바랍니다. 독자 분들이 보내주신 최신 정보는 최대한 빨리 업데이트하도록 노력하겠습니다.

알에이치코리아 편집부 hjchoi@rhk.co.kr
저자 이메일 nikifoto@naver.com

화폐 표기

태국의 현지 화폐인 바트(B)로 표기했습니다. 숙소의 경우 성 · 비수기나 요일에 따라 표기된 금액과 다소 다를 수 있습니다.

지도 읽기

이 책의 지도에 사용하는 기호는 아래 항목을 나타냅니다.

- 볼거리
- 쇼핑
- 레스토랑
- 카페
- 마사지 · 스파
- 호텔 · 리조트
- 랜드마크 · 기점

파트 구성

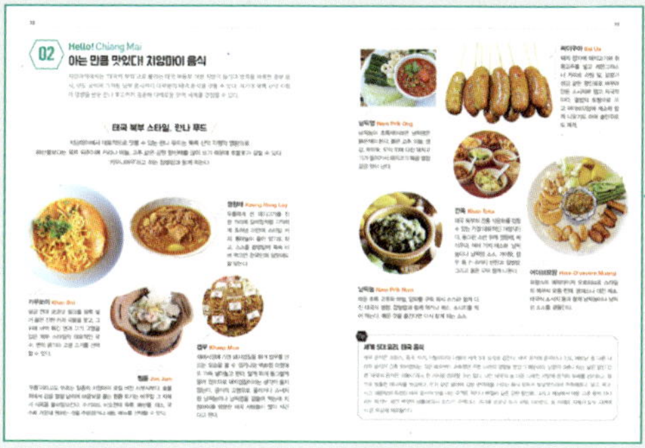

Hello! Chiang Mai
치앙마이 매력 탐구

치앙마이가 뜨는 이유, 아는 만큼 맛있는 치앙마이 음식, 꼭 사야 하는 치앙마이 필수템, 종류별 치앙마이 숙소까지 여행 가기 전 알아두면 쓸모 있는 정보를 정리해 치앙마이를 한눈에 파악하도록 도와줍니다.

Here is Chiang Mai
지금 여기, 치앙마이

일일이 발품 팔아 모은 현지 여행 정보들. 치앙마이 중심 여행지인 올드타운, 님만해민, 나이트 바자 & 삥강으로 나눠 볼거리, 쇼핑, 맛집, 카페, 숙소 정보를 꼼꼼히 정리했습니다.

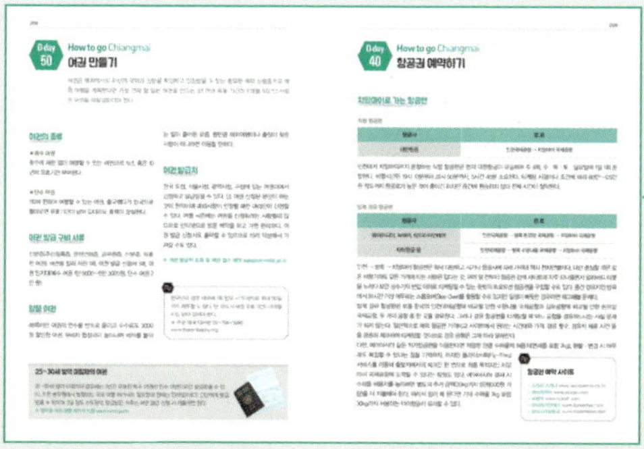

How to go Chiang Mai
치앙마이 여행 준비

항공권 · 호텔 · 투어 예약하기부터 여권 준비, 환전하기, 짐 꾸리기까지 여행 준비 항목을 D-DAY로 정리해 차근차근 준비할 수 있도록 했습니다.

CONTENTS

Hello! Chiang Mai
치앙마이 매력 탐구

Here is Chiang Mai

지금 여기,
치앙마이

How to go Chiang Mai

치앙마이
여행 준비

ห้ามจอด

MOUNTAIN COFFEE
MOUNTAIN COFFEE BY COFFEE BAR
Coffee bar

Hello! Chiang Mai

치앙마이 매력 탐구

01 Hello! Chiang Mai
치앙마이가 '뜨는' 이유

하루키식으로 말하자면 '멀리서 들려오는 북소리에 이끌리듯' 어느 날 불현듯 어디론가 떠나고 싶을 때 치앙마이는 우리를 실망시키지 않을 것이다. 수줍은 듯 배시시 웃어 주는 치앙마이 사람들의 따뜻한 눈빛과 마음의 빗장을 풀게 만드는 순수함이 남아 있기 때문이다. 어디 그뿐일까. 치앙마이가 '뜨는' 이유는 비단 한 가지만은 아니다.

1 장기 체류도 불사할 저렴한 물가!

디지털 노마드를 대상으로 한 웹서비스 〈노마드 리스트 Nomad List〉에서 치앙마이가 독보적인 1위를 고수하고 있다. 한 달 체류비, 인터넷, 치안, 위락시설 등을 모두 종합한 결과다. 노트북을 가지고 외국에서 장기 체류하며 작업하는 디지털 노마드에게 저렴한 물가는 필수 조건이다. 그것은 일반 여행자들에게도 예외가 아닐 터.

2 식탁 없다는 사람을 거짓말쟁이로 만드는 맛의 천국

소위 입이 짧은 이들에게 갖은 향신료를 넣는 태국 음식은 그 생소한 향 때문에 막연한 두려움을 주기도 한다. 하지만 태국 음식은 상상을 불허할 정도로 다양하며, '팍치' 같은 허브가 정 싫다면 의사 표현을 하면 된다. 굳이 고추장 같은 걸 챙겨가지 않아도 좋을 만큼 금방 익숙해지는 중독성 있는 맛이다.

3 배우고 싶은 치앙마이 사람들의 예술적 감성

치앙마이 사람들 모두가 아티스트인가 할 정도로 감탄사를 연발하게 하는 감각적인 공간들이 많다. 골목을 걷다 보면 무심하게 빛바래져 가고 있는 대문이며, 늘어진 담쟁이덩굴이며, 70년대의 촌스러움이 정겹게 느껴지는 식탁보 같은 것들 말이다. 치앙마이 사람들은 어떻게 이런 색감과 감성을 지녔을까.

4 힙한 카페와 인생 커피를 발견하는 즐거움

치앙마이에 머무는 큰 즐거움 중의 하나는 어디서나 맛있는 커피를 즐길 수 있다는 것이다. 치앙마이에서는 강배전으로 볶아낸 원두를 진하게 내려 라테나 달달한 '타이 스타일' 커피로 마시는 게 대세. 이런 맛있는 커피를 아열대 기후가 키워낸 무성한 초록 식물로 가득한 카페에서 한 번 마셔보라. 천국이 따로 있을까.

5 700년 전통의 란나 문화가 고스란히 보존된 도시

치앙마이의 매력을 제대로 느끼고 싶다면 란나 문화를 알아야 한다. 란나 문화는 건축 양식부터 옷차림, 음식에 이르기까지 치앙마이와 치앙라이를 비롯한 태국 북부 지역에 고스란히 남아 있다. 태국 중부 문화권인 방콕에는 없는 이 독특한 문화를 치앙마이에서 만나보자.

6 '탕진잼'을 만끽하는 야시장의 소소한 쇼핑거리

장이 설 만한 공간만 있으면 그곳이 바로 마켓. 워낙 손재주가 좋기로 태국에서도 알아준다는 치앙마이 사람들이 만든 핸드메이드 소품들이 지천이다. 단돈 10바트(약 350원)에서 100바트(약 3500원) 정도로도 살 거리가 넘쳐난다. 군침 넘어가는 간식거리는 덤.

7 1일 1마사지, 건전한 마사지의 천국

여행자들이 치앙마이에서 선호하는 타이 마사지나 풋 마사지의 가격은 1시간에 대강 200바트(약 7000원) 정도. 1회당 적게는 5만원부터 많게는 몇십만 원까지 생각해야 하는 국내와 비교할 수 있으랴. 1일 1마사지를 해도 예산에 부담이 없으니 틈날 때마다 마사지를 받아두는 것도 좋겠다.

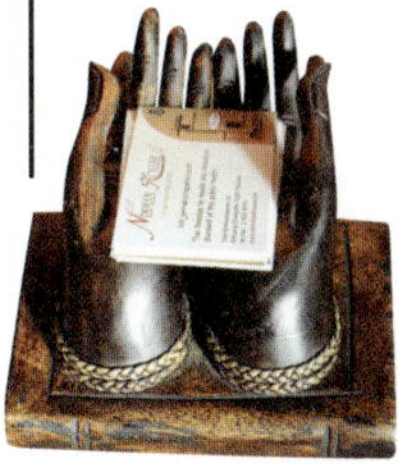

8 트렌디한 호스텔부터 5성급 리조트까지

하룻밤에 몇천 원이면 묵을 수 있는 호스텔부터 수영장에 뷔페 조식까지 빵빵한 고급 리조트까지! 국내의 모텔 가격이면 내 취향에 맞춰 고를 수 있는 감각 있는 부티크 호텔도 많다. '치앙마이에서 한 달 살아보기'를 모토로 좀 오래 머물고 싶다면 비수기를 택해 마우스품을 팔면 깜짝 놀랄 가격으로 방을 구할 수 있다.

02 Hello! Chiang Mai
아는 만큼 맛있다! 치앙마이 음식

치앙마이에서는 '태국의 부엌'으로 불리는 태국 북동부 이싼 지방의 음식과 방콕을 비롯한 중부 음식, 인도 요리에 가까운 남부 음식까지 대부분의 태국 음식을 맛볼 수 있다. 여기에 북쪽 산악 지형의 영향을 받은 란나 푸드까지 공존해 다채로운 맛의 세계를 경험할 수 있다.

태국 북부 스타일, 란나 푸드

치앙마이에서 대표적으로 맛볼 수 있는 란나 푸드는 북쪽 산악 지형의 영향으로 해산물보다는 육류 위주이며 커리나 마늘, 고추 같은 강한 향신채를 많이 쓰기 때문에 호불호가 갈릴 수 있다. '카우니여우'라고 하는 찹쌀밥과 함께 먹는다.

카우쏘이 Khao Soi

달걀 면에 코코넛 밀크를 듬뿍 넣어 끓인 진한 커리 국물을 붓고, 그 위에 바싹 튀긴 면과 고기 고명을 얹은 북부 스타일의 대표적인 국수. 면의 굵기와 고명 고기를 선택할 수 있다.

깽항래 Kaeng Hang Lay

두툼하게 썬 돼지고기를 진한 커리에 갈비찜처럼 자작하게 조려낸 미얀마 스타일 커리. 통마늘이 들어 있기도 하고, 소스를 찹쌀밥에 쓱쓱 비벼 먹으면 한국인의 입맛에도 잘 맞는다.

찜쭘 Jim Jum

'무쭘'이라고도 부르는 일종의 치앙마이 로컬 버전 샤부샤부다. 숯불 위에서 김을 펄펄 날리며 보글보글 끓는 찜쭘 토기는 비주얼 그 자체로 식욕을 불러일으킨다. 수키와도 비슷한데 육류, 해산물, 채소, 국수류 가운데 원하는 것을 주문하거나 세트 메뉴를 선택할 수 있다.

캡무 Khaep Moo

재래시장에 가면 돼지껍질을 튀겨 캡무를 만드는 모습을 볼 수 있거니와 백화점 마켓에도 가득 쌓아놓고 판다. 얇게 튀겨 동그랗게 말려 있으므로 돼지껍질이라는 생각이 들지 않는다. 음식의 고명으로 올리거나 스낵처럼 남픽눔이나 남픽엉을 곁들여 먹는데 치앙마이를 방문한 태국 사람들이 많이 사간다고 한다.

남픽엉 Nam Prik Ong

남픽눔이 초록색이라면 남픽엉은 붉은색이 돈다. 붉은 고추, 마늘, 생강, 토마토, 오이 외에 다진 돼지고기가 들어가서 돼지고기 볶음 쌈장 같은 맛이 난다.

싸이우아 Sai Ua

돼지 창자에 돼지고기와 쥐똥고추를 넣고 레몬그라스나 카피르 라임 잎, 갈랑가 생강 같은 향신료로 버무려 만든 소시지로 맵고 자극적이다. 덮밥의 토핑으로 쓰고 어더브므앙에 채소와 함께 나오기도 하며 술안주로도 제격.

깐똑 Khan Toke

태국 북부의 전통 식문화를 접할 수 있는 가장 대표적인 가정식이다. 동그란 소반 위에 깽항래, 싸이우아, 여러 가지 채소와 남픽눔이나 남픽엉 소스, 까이텃, 캡무 등 7~8가지 반찬과 찹쌀밥, 그리고 묽은 국이 함께 나온다.

어더브므앙 Hors-D'oeuvre Muang

프랑스의 애피타이저 오르되브르 스타일의 북부식 모둠 전채. 생채소나 데친 채소, 태국식 소시지 등과 함께 남픽눔이나 남픽엉 소스를 곁들인다.

남픽눔 Nam Prik Num

매운 초록 고추와 마늘, 양파를 구워 피시 소스와 함께 다진 태국식 쌈장. 찹쌀밥과 함께 먹거나 채소, 소시지를 찍어 먹는다. 매운 것을 즐긴다면 다시 찾게 되는 소스.

Tip

세계 5대 요리, 태국 음식

태국 음식은 프랑스, 중국, 터키, 이탈리아와 더불어 세계 5대 요리로 꼽힌다. 태국 음식에 중국이나 인도, 베트남 등 다른 나라의 음식이 간혹 오버랩되는 것은 예로부터 교류했던 주변 나라의 영향을 받았기 때문이다. 남한의 5배나 되는 넓은 땅인 만큼 '태국의 음식은 이렇다'라고 한 가지로 정의할 수는 없다. 다만 태국이 늘 더운 나라인 까닭에 음식의 부패를 방지하고, 땀으로 방출한 에너지를 보강하고, 모기 같은 벌레에 강한 면역력을 키우는 음식 문화가 발달했으리라 추측해본다. 달고, 짜고, 시고, 매운맛이 특징인 태국 음식의 맛을 내는 주역은 팍치나 빠힐라 같은 강한 향신료, 그리고 세상에서 가장 매운 고추 중의 하나라는 픽키누, 생선 액젓인 남쁠라(피시 소스)가 주역이다. 거기에 코코넛 슈가, 라임, 타마린드 등 식재료 자체가 모두 자연에서 온 무공해 재료들이다.

한국인 입맛에도 잘 맞는 태국 음식

'태국 음식' 하면 강한 향의 향신료가 동시에 떠올라 망설여지지만 모든 음식이 그런 것은 아니다. 아래 메뉴들은 비교적 쉽게 적응할 수 있다.

카우만까이 Khao Man Kai

닭 육수로 밥을 지어 걸쭉한 간장 소스를 뿌리고 그 위에 먹기 좋게 잘라 놓은 닭백숙을 얹은 것이다. 맑은 국이 함께 나오기도 한다.

카우팟 Khao Phad

국내 중국 음식점에서 먹는 볶음밥과 거의 비슷하다. 고추를 잘게 썰어 넣은 피시 소스인 픽남쁠라와 비벼 먹으면 매콤하면서 합이 잘 맞는다.

까이양 Kai Yang

냄새만으로도 침이 꼴깍 넘어가는 닭 바비큐. 참고로 돼지 바비큐는 '무양'이라고 한다. 함께 나오는 식당의 특제 소스에 찍어 찹쌀밥과 함께 먹는다. 치킨 무 대신 쏨땀을 곁들여 먹자.

까이텃 Kai Tot

얼핏 보면 오래 튀긴 프라이드치킨인데 훨씬 짭조름하고 향신채와 함께 바싹 튀겨 맛이 색다르다. 보기만 해도 절로 맥주를 부르는 태국식 닭튀김으로 우리와 달리 조각을 내어 부위별로 판매한다.

사떼 satay

한입 크기로 썬 육류를 향신료에 재워 나무 꼬치에 꿰어 구워 먹는 꼬치 요리다. 인도네시아의 영향을 받은 노점의 간식거리로 단골로 등장한다.

카오카무 Khao Kha Moo

잡내를 없애는 향신료를 넣어 흐물흐물할 때까지 조린 돼지족발 고기를 얹은 돼지족발 덮밥이다. 삶은 달걀과 절임류의 반찬이 함께 나온다. 향이 그리 강하지는 않다.

팟타이 Phad Thai

태국의 '국민 볶음 국수'로 길거리 노점에서도 판다. 새콤한 맛은 타마린드, 달달한 맛은 팜슈가, 짭조름한 맛은 피시 소스를 넣은 것. 생숙주와 땅콩가루를 뿌리고 라임즙으로 마무리한다.

꾸어이띠아우 Kuay Teaw

길거리 노점에서도 파는 저렴한 쌀국수다. 고기 육수에 소고기나 돼지고기, 어묵 등을 넣은 무난한 국수지만 팍치를 고명으로 올리기도 한다.

얌운쎈 Yam Un Sen

당면처럼 투명한 면과 토마토, 채소, 매운 고추, 라임 등을 넣어 함께 버무린 일종의 샐러드. 새우나 해산물, 다진 돼지고기, 태국식 소시지를 넣기도 한다.

쏨땀 Som Tam

덜 익은 초록색 파파야를 채 썰어 고추, 마늘, 피시 소스, 땅콩, 마른 새우 등을 넣고 절구 속에 함께 찧어 낸다. 피시 소스를 많이 넣으면 전라도식 무생채 같은 느낌이다. 매콤하고 고소하고 개운해서 육류와 함께 곁들이면 좋다.

팟까파오 Phad Krapow

까파오는 '바질'을 의미한다. 돼지고기나 닭고기, 소고기 등을 넣어 바질과 함께 짭짤하게 볶아낸다. 밥 위에 얹어 덮밥처럼 먹기도 하고, 반찬으로 먹기도 한다.

팟팍붕파이댕

Phad Pak Bung Fai Daeng

모닝글로리, 혹은 속이 비어 있어서 공심채라고 불리는 채소를 굴 소스, 마늘 등과 함께 볶아낸 것이다. 특별한 향이 없고 반찬으로 무난하다.

뿌팟퐁까리 Poo Phad Pong Kari

고소한 옐로 커리에 게를 잘라 넣고 코코넛 밀크, 달걀과 함께 볶아낸 요리다. '뿌담'이라는 검고 큰 게로 만든 요리는 1000바트 이상을 줘야 먹을 정도로 비싼 편이지만 육질은 몹시 쫄깃하다. 게살만 발라내 조리한 것은 좀 더 저렴하지만 아무래도 맛은 좀 떨어진다.

수끼 Suki

닭 육수에 고기, 해산물, 채소, 당면 등 다양한 재료를 넣어 익힌 후에 소스를 찍어 먹는 태국식 전골이다. 수백 년 전부터 이싼 지방에서 전해 내려왔다는 찜쭘의 현대식 버전이라고 할 수 있다. 치앙마이 대형 몰에는 수끼 전문점들이 많이 입점해 있다.

카우똠 Khao Tom

간단한 아침 식사나 해장용으로 좋은 묽은 쌀죽이다. 보통 닭고기나 돼지고기, 생선 등과 향신채를 함께 넣어 조리하기 때문에 우리나라 쌀죽과는 다른 맛이 난다.

뽀삐아텃 Pho Pia Teot

각종 재료를 춘권 피에 싸서 튀겨낸 춘권 튀김으로 흔히 스프링롤이라고 부른다. 음식점에서는 가벼운 애피타이저로도 좋은 태국의 국민 간식 중 하나다. 닭고기, 돼지고기, 새우살, 게살 등 주재료가 다양하며 주로 튀김에 잘 어울리는 남찐 소스를 찍어 먹는다.

카우니아우 마무앙
Khao Niao Mamuang

달달한 찹쌀밥과 망고를 함께 먹는 디저트로 '망고 스티키 라이스'라는 영어 이름으로 더 많이 불린다. 밥과 과일을 함께 먹는다는 건 상상이 잘 되지 않지만 고소하고 달콤한 맛에 일단 먹어보면 반할 수밖에 없다.

로띠 Roti

버터를 두른 철판 위에 얇게 치댄 반죽을 얹어 살짝 부친 후 바나나, 망고, 달걀, 누텔라 등의 토핑을 얹은 후 그 위에 연유나 초콜릿 시럽을 뿌려 주는 태국식 팬케이크이다. 상상만으로도 살찌는 소리가 들리는 듯한 고칼로리 간식이지만 달달한 게 당길 때 최고.

약간의 모험심이 필요한 태국 음식

태국의 다양한 향신료를 즐길 수 있다면 태국 음식에 대한 내공이 쌓였다는 뜻일 게다.
여기에 약간의 모험심만 있다면 다음의 메뉴들도 문제없이 즐길 수 있다.

똠얌꿍 Tom Yam Goong

프랑스의 부야베스, 중국의 샥스핀 수프와 더불어 세계 3대 수프로 꼽힌다. 갖가지 향신료를 넣고 끓여 시고 달고 매콤한 맛이 온전히 녹아 있다. 게다가 팍치까지 넣은 경우 맛은 생소의 극치를 달린다.

깽키여우완 Kaeng Ki Yeou Wan

'깽'은 커리를 뜻한다. 초록 고추를 빻아 넣고 채소와 코코넛 크림을 더해 묽게 끓여낸 것이다. 우리가 먹는 커리에 비해 국처럼 묽고 맛이 생소해서 친근해지는 데 시간이 좀 걸리는 음식.

카놈찐 남니여우 Kanomjin Namniyeou

돼지뼈 육수에 중국식 소면인 카놈찐과 토마토, 선지 등을 넣어 얼큰하게 끓인 일종의 선지 국수다. 선지에 강한 향신채까지 곁들인 불그죽죽한 국물이 친근해 보이진 않는데 태국 사람들은 참 좋아한다.

옌타포 Yentapo

붉은색이 나는 발효 두부장에 어묵이나 선지, 말려서 불린 오징어 등을 넣은 탕으로 국수를 넣기도 하고 넣지 않기도 한다. 여행자들 사이에선 '빨간 국수'로 알려져 있으며 약간 시큼한 맛이 난다. 우리나라 연포탕에 초고추장을 섞은 듯한 맛이다.

싸이끄럭 Sai Kreok

북부식 소시지인 싸이우아와 더불어 노점에서 흔하게 볼 수 있는 이싼 지방의 대표적인 소시지. 안에 쌀이나 당면, 소나 돼지의 기름을 넣어 발효시켰기 때문에 먹어보면 시큼하고 복잡한 맛이 난다. 매운 정도나 향은 싸이우아보다는 덜한 편.

어디서나 쉽게 맛보는 치앙마이 과일

치앙마이 여행의 재미 가운데 하나는 어디서나 쉽게 열대과일을 맛볼 수 있다는 것. 그런데 태국에 가면 언제든지 망고와 망고스틴을 마음껏 먹을 수 있으리란 건 모르는 소리. 열대과일이 풍부한 치앙마이지만 과일에 따라 제철이 있다. 제철일 때는 눈에 띄는 대로 먹고, 돌아올 때는 말린 과일로 구입해오자.

망고 Mango

망고스틴과 더불어 한국인이 가장 좋아하는 열대과일이다. 노란 망고는 주스나 '망고 스티키 라이스' 같은 망고 디저트로 먹지만, 익지 않는 초록색 망고는 소스나 소금에 찍어 술안주로도 먹는다. 3~6월이 제철.

망고스틴 Mangosteen

잘 익은 망고스틴은 입 속에서 하모니를 느낀다는 말이 있을 정도. 자주색 단단한 껍질을 벗기면 그 안에 육쪽 마늘처럼 생긴 하얀 알맹이가 들어 있다. 여러 과일의 좋은 맛만 고른 듯한 맛을 가지고 있다. 5~8월이 제철.

코코넛 Coconut

주로 껍질을 제거한 상태에서 윗부분을 가로로 갈라 빨대를 꽂아준다. 안에 든 코코넛 워터는 첫 모금엔 밍밍하지만 익숙해지면 마치 물처럼 입안을 깔끔하게 한다. 코코넛 워터를 마신 후 반을 갈라 안쪽의 코코넛을 숟가락으로 긁어먹으면 고소하고 아삭한 맛이 난다. 연중 수확.

파파야 Papaya

쏨땀의 재료가 되는 그린 파파야는 태국인들이 가장 자주 먹는 과일로 아삭한 식감이 좋다. 파파야가 익으면 점점 주황색으로 변하는데 잘 익은 파파야는 멜론 같은 깊은 단맛이 난다. 과육은 잘라서 먹거나 주스를 만들어 먹는다. 연중 수확.

두리안 Durian

꼬리꼬리한 휘발성 냄새 때문에 호텔에서 반입을 금지하는 열대과일의 왕이다. 하도 악명이 높아 먹기가 꺼려지지만 노점에서 한 쪽씩 포장해 파는 두리안에 도전해보자. 잘 익은 두리안은 버터 같은 식감에다 생각보다 맛있다. 스낵이나 캔디도 나와 있다. 4~8월이 제철.

롱안 Longan

베이지색의 열매로 나뭇가지에 포도처럼 주렁주렁 달려 있다. 얇은 껍질을 까면 투명하고 야들야들한 속살이 나오는데 담백한 단맛이 난다. 망고와 더불어 말린 롱안 역시 인기다. 5~7월이 제철.

잭프루트 Jackfruit

두리안과 비슷하게 생겼지만 껍질 겉면이 오톨도톨하다. 껍질을 벗기기 힘들어서 노점에서는 미리 껍질을 벗기고 과육만 따로 포장해서 판다. 두리안보단 덜 하지만 특유의 냄새가 강한 편이고 살짝 쫄깃한 식감으로 과일 알러지를 유발하기도 한다. 1~5월이 제철.

드래곤프루트 Dragonfruit

선인장의 열매로 키위와 비슷한 식감이지만 의외로 맛은 밍밍한 편. 속살의 컬러는 흰색이나 보라색, 파란색 등 다양하다. 진홍색 껍질 안쪽의 하얀 속살에 까만 씨가 톡톡 박혀 있어 잘라놓은 단면이 예쁘다. 요쿠르트나 아이스크림에 섞어 먹으면 더 맛있게 먹을 수 있다. 5~10월이 제철.

포멜로 Pomelo

큰 자몽과 닮았지만 신맛보다는 달고 쓴 맛이 난다. 껍질이 워낙 두꺼워 까기가 힘들기 때문에 과육만 개별적으로 포장해서 판매하는 것을 사 먹으면 된다. 과육이 빨간 것과 노란 것이 있는데 빨간 것이 맛과 향에서 더 낫다. 8~11월이 제철.

구아바 Guava

울퉁불퉁한 사과처럼 생겼으며 향이 좋다. 속이 연두색인 것도 있고 핑크색도 있다. 길거리 노점에서 덜 익은 초록 구아바를 껍질째 조각 내어 팔기도 한다. 아삭아삭한 식감이 사과와 배의 중간쯤 된다. 연중 수확.

패션프루트 Pashionfruit

비타민C가 석류의 3배라는 패션프루트는 재스민, 시트러스, 라즈베리 향이 섞인 오렌지 맛. 주스나 잼으로 만들면 단맛과 신맛이 적절한 조화를 이루며 향긋하기 이를 데 없다. 개구리 알 같은 씨도 먹을 수 있다. 4~5월을 제외한 연중 수확.

람부탄 Rambutan

리치와도 비슷하지만 껍질에 빨간 털이 나 있어 성게나 밤송이를 연상시키는 람부탄은 껍질을 벗기면 쫄깃하고 단맛의 과육이 나온다. 우리나라 뷔페에 가면 냉동 람부탄을 흔히 볼 수 있지만 생 람부탄과는 비교 불허. 1~8월이 제철.

태국 음식을 내 손으로! 쿠킹스쿨

음식점에서 사 먹기만 했던 태국 음식을 내 손으로 만들어 먹는 쿠킹스쿨은 즐거운 체험이자 잊지 못할 추억이 된다. 대체로 5가지 요리를 배우는 반나절 코스와 7가지 요리를 배우는 하루 코스를 운영하고 있다. 여행자들이 좋아하는 팟타이, 쏨땀, 캐슈넛 닭볶음, 망고 스티키 라이스 등이 주 메뉴가 된다. 아침 9시쯤부터 일정을 시작하며 개별 농장이나 시장에 들러 태국 음식의 주요 식재료들을 견학하는 것으로 시작된다.

추천 쿠킹스쿨

1 아시아 시닉 타이 쿠킹스쿨

Asian Scenic Thai Cooking School

- **특징** 시내 수업, 농장 수업 중 선택
- **코스** 하프 코스 800B(5개 메뉴), 풀 코스 1000~1200B(7개 메뉴)
- **홈피** www.asiascenic.com

2 마마노이

Mama Noi Cooking Class

- **특징** 농장 견학
- **코스** 하프 코스 800B(3개 메뉴), 풀 코스 1000B(5개 메뉴)
- **홈피** www.mamanoicookeryschool.com

3 아러이아러이 쿠킹스쿨

Aroy Aroy Thai Cooking School

- **특징** 리버보트 타고 와로롯 마켓 견학
- **코스** 3개 코스 공통(5개 메뉴) 1700B
- **홈피** https://aroyaroyschool.com/

4 바질 쿠커리스쿨

Basil Cookery School

- **특징** 태국 가정식
- **코스** 모닝 1000B(7개 메뉴), 이브닝 1000B(7개 메뉴)
- **홈피** www.basilcookery.com

03

Hello! Chiang Mai
향긋함에 중독되는 치앙마이 커피 & 카페

아프리카나 중남미 지역의 커피에 비해 태국산 커피는 널리 알려지지 않은 듯하지만 '세계 최상위 1%'라는 평가를 얻을 만큼 태국 북부 고산족이 재배하는 커피는 깊고 풍부한 맛과 향을 지녔다.

치앙마이 커피, 무엇이 다른가

우리나라에서 마시는 커피의 원두는 아프리카나 중남미 산지가 주류를 이루기 때문에 태국산 커피에 대해서는 제대로 알려지지 않은 듯하다. 치앙마이 카페에서 흔히 마시는 커피는 주로 태국 북부 고산족들이 재배하는 원두를 사용한다. 1960년대 말까지, 아편을 경작하고 화전 농업을 하던 고산족들이 오늘날의 태국 커피를 생산해내기까지에는 많은 스토리가 숨어 있다. 그 원동력은 바로 '로얄 프로젝트'라는 태국 왕실의 전폭적인 지원. 2007년과 2008년에 유럽 스페셜 티 컨퍼런스에서 높은 점수를 얻어 주목받기 시작한 태국의 커피는 '전 세계 커피 중 최상위 1%'라는 평가를 얻어내기에 이른다. 친환경적인 수작업 공정을 거친 전통 방식의 치앙마이 커피는 로스팅 방법에 따라 맛이 다르긴 하지만 일반적으로 맛이 진하고 향이 풍부한 것이 특징이다.

커피 마니아들의 로망, 치앙마이 카페투어

① 카페투어만 해도 일주일이 짧다

태국에서도 손재주 좋기로 이름난 치앙마이 아티스트들과 이곳에 정착한 일본인들, 유럽 사람들의 감각이 한데 어우러진 치앙마이 카페들은 카페 사업에 관심이 있는 사람이라면 한 번쯤 벤치마킹하러 가도 좋을 수준. 멋진 카페들은 주로 '치앙마이의 가로수길'이라 불리는 님만해민과 삥강 주변에 몰려 있다.

② 갤러리와 레스토랑, 소품숍을 겸하는 복합 공간

치앙마이에서는 카페라고 커피만 마시지 않는다. 웬만한 식사 메뉴를 갖추고 있는 곳이 많고, 주문하고 기다리는 동안 진열된 소품을 구경하는 숍이 함께 있는 경우도 있다. 아티스트들의 작품과 함께 여유를 만끽하는 '갤러리+카페'의 공간도 특별하다.

③ 휴일과 영업시간이 제각각이다

대부분의 치앙마이 카페들은 우리나라처럼 아침에 오픈해 밤늦게까지 영업하지 않는다. 오픈 시간도 제각각, 휴일도 제각각인 경우가 많다. 헛걸음 하지 않으려거든 반드시 영업시간과 휴무일을 확인하고 가자.

④ 디지털 노마드의 아지트

에어컨은 빵빵하고, 프리 와이파이는 팡팡 터진다. 노트북을 켜고 커피 한잔하며 작업 삼매경에 빠져 있는 풍경이 낯설지 않은 것은 치앙마이가 디지털 노마드들을 위한 최고의 도시이기 때문이다.

치앙마이 3대 커피

흔히 치앙마이 3대 커피로 도이창, 도이퉁, 와위 커피를 꼽지만 요즘에는 리스트레토나 아카아마 커피처럼 규모는 작지만 개성 있는 커피를 내놓는 카페들이 속속 늘고 있는 추세. 그밖에도 코끼리의 배변에서 골라낸 생두를 로스팅한 블랙 아이보리 커피는 밀크초콜릿처럼 부드럽고 달콤한 맛이 특징으로 kg당 무려 100만 원이 넘는, 세계에서 가장 비싼 커피로 알려져 있다.

①

도이창 커피

Doi Chaang Coffee

태국 공정무역의 대표적인 브랜드인 도이창 커피는 해발 1200m의 고산 지역의 과실수 아래 그늘에서 커피나무를 키운 후 수가공을 거쳐 생산된다. 산지의 특징이 뚜렷한 싱글 오리진 원두가 인기로 우리나라에서도 종로와 분당을 비롯한 여러 곳에서 도이창 커피를 만날 수 있다. 도이창 커피 로고에 새겨져 있는 이는 미얀마 출신의 아카족인 도이창 커피의 아버지 피코 사에두.

②

도이퉁 커피

Doi Tung Coffee

도이퉁 커피는 태국 왕실이 설립한 매파루앙 재단에서 운영하는 프랜차이즈 커피 브랜드이다. 치앙라이 외곽에 위치한 커피농장에 가면 도이퉁 커피 전문점의 커피와 함께 저렴한 원두를 구입할 수 있다. 치앙마이의 도이퉁 커피 전문점에서는 커피와 베이커리를 함께 즐길 수 있으며, 도이퉁에서 재배한 커피 원두와 마카다미아 너츠 등을 판매하고 있다.

③

와위 커피

Waa Wee Coffee

1986년, 치앙마이 도이 와이(Doi Wawee)에서 시작된 대표적인 로컬 커피 중 하나이다. 도이창 커피에 비해 우리나라에서도 덜 알려진 감이 있지만, 태국산 커피를 제대로 즐길 수 있는 태국 최초의 카페로 알려져 있다. 님만해민에 1호점을 낸 후 방콕까지 진출했다. 강변에서 운치 있는 와위 커피 한잔을 즐기고 싶다면 나이트바자 부근 삥강변의 와위 커피로 가면 된다.

04 Hello! Chiang Mai

이건 꼭 사야 해! 치앙마이 쇼핑 필수템

트렁크에 무엇을 채워 오는가는 철저히 개인의 취향이지만, 치앙마이에서 구입해 와서 두고두고 엄마 미소를 짓게 되는 만족도 200%의 쇼핑 아이템을 소개한다. 이 외에도 100바트짜리 코끼리 바지나 코를 뻥 뚫어주는 야돔, 시원하게 근육을 풀어주는 야몽 크림, 머릿결 개선에 효과가 좋은 선실크 헤어 제품 등 다양한 쇼핑거리들이 넘친다.

타이 커피 원두

트렁크 공간만 넉넉하다면 최대한 많이 사가지고 오고 싶은 것이 치앙마이 커피다. 커피 로스팅 단계별로 원두를 판매하는 로스터리 카페나 일반 마트에서도 살 수 있다.

타이 티

치앙마이 아이스티인 차옌을 즐겨 마셨다면 넘버원 타이 티를 챙겨와 집에서 만들어 마시자. 일명 '태국 똥차'로 불리는 피트네 허벌티도 변비에 효과가 좋다.

핸드메이드 소품

타이 스타일이 녹아 있어 이국적이면서도 착한 가격의 핸드메이드 소품들이 셀 수도 없이 많다. 대체로 부담 없는 가격이므로 선물용으로 많이들 고른다. 꽃비누나 열쇠고리, 동전지갑, 파우치 등이 무난하다.

법랑 그릇

코리안 빈티지 트렌드에도 딱 맞는 에나멜 그릇, 법랑. 당장 나들이를 나가고 싶게 만드는 독특한 법랑 도시락부터 컵, 대접, 쟁반 등 촬영용 소품으로도 예쁘다. 핸드메이드 자카숍이나 대형 쇼핑몰, 와로롯 마켓 등에서 구입할 수 있다.

허브 아로마 제품

태국의 허브나 열대과일로 만든 모든 허브 아로마 제품을 만날 수 있다. 허벌 베이직스 같은 중저가 제품을 비롯해 한 Harnn, 탄 Thann 같은 고급 천연 아로마 브랜드까지 다양하게 만날 수 있다.

달리 치약

우리나라 치약보다 강력한 미백 효과와 상쾌한 느낌이 좋아 한국인 여행자들이 태국 가면 꼭 사와야 하는 필수템으로 꼽는다. 민트와 숯 등 성분을 달리한 너댓 가지가 나와 있다.

김과자 · 벤또 스낵

한때 '규현 김과자'로 불렸던 태국 스타일 김과자와 오징어 스낵인 '벤또'도 인기 쇼핑 아이템이다. 주전부리나 맥주 안주로 좋으며 편의점에서 찾을 수 있다.

말린 과일

생과일은 한국으로의 반입이 금지되어 있으니 말린 과일로 트렁크를 채우자. 망고, 코코넛, 파인애플, 두리안, 롱안 등 말리지 않은 태국 과일이 없다고 할 만큼 다양한 말린 과일이 나와 있다.

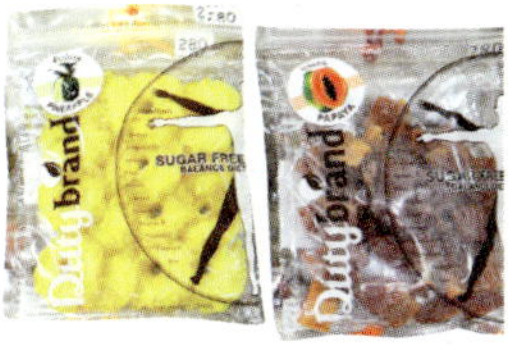

타이 쿠킹 식재료

한국에 돌아가서 태국 음식이 몹시 그리울 때를 대비해 코코넛 슈가, 라임즙, 타마린드 페이스트 등을 현지에서 사오면 좋다.

와코루 속옷

몸을 편안하게 받쳐주는 착용감이 좋고, 가슴 모양을 예쁘게 잡아주며, 오래 입어도 모양이 흐트러지지 않는 내구성이 좋다. 무엇보다 우리나라와 비교도 안 되는 착한 가격이 반갑다.

과일 비누

망고나 코코넛 등의 모양에 향을 넣어 만든 과일 비누는 세안용으로 쓸 수도 있지만 방향제 용도로 책상 위에 두어도 좋은 향기를 낸다. 태국을 기억할 수 있는 프란지파니 꽃 모양도 인기가 있으며 3개에 100바트 정도면 살 수 있다.

Tip

택스 리펀 TAX REFUND

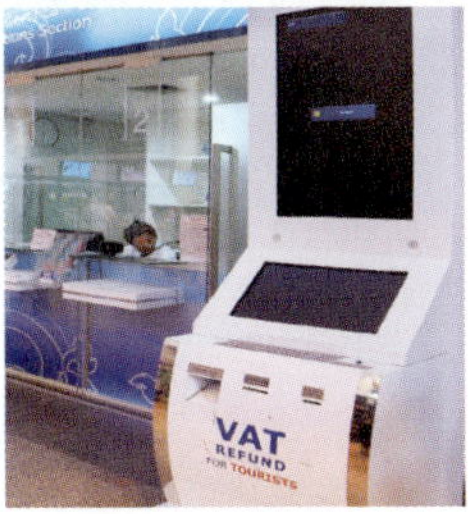

택스 리펀을 받으려면 한 매장에서 2000바트 이상 물건을 구입해야 한다. 택스 리펀을 받고 싶다고 직원에게 얘기하면 노란 서류와 영수증을 준다. 공항에 가면 국제선 코너 1층에서 물건을 보여준 후 서류에 도장을 받아야 한다. 그런 다음 출국장의 'VAT Refund(부가가치세 환급)'라고 적힌 부스를 찾아가 도장 찍은 서류와 여권을 보여주면 바로 환급해준다. 태국의 VAT는 7%지만 상품에 따라 환급받는 퍼센트가 다르다.

꿀잼이 뚝뚝! 치앙마이의 마켓 Best 3

여행지의 마켓을 둘러보는 것은 아이 쇼핑만으로 재미있는 데다 현지 문화를 쉽고 편하게 접하는 최고의 방법. 에어컨 팡팡 터지는 쾌적한 쇼핑몰부터 사람 냄새 나는 정겹고 소박한 시장, 이벤트성으로 열리는 축제 같은 아트 마켓까지.

대형 쇼핑몰

1
마야 쇼핑몰 p.118
Maya Shopping Center

2
깟 쑤언 깨우(센탄) p.126
Kad Suan Kaew

3
센트럴 플라자 치앙마이 에어포트 p.82
Central Plaza Chiang Mai Airport

상설 시장

1
와로롯 마켓 p.169
Waroros Market

2
나이트바자 p.168
Night Bazaar

3
쏨펫 마켓 p.81
Somphet Market

정기적 주말 마켓

1
선데이 마켓 p.79
Sunday Market

2
세러데이 마켓(토요 시장) p.79
Saturday Market

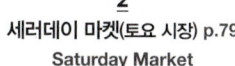

3
나나 정글 p.130
Nana Jungle

이벤트 마켓 Event Market

1
팝 마켓
Pop Market

2
핑파이 페스티벌
Ping Fai Festival

3
NAP : Nimmanhaemin
Art&Design Promenade

05 Hello! Chiang Mai
실속에 감각까지! 치앙마이 숙소

하룻밤에 백만 원을 넘어서는 궁궐 같은 리조트부터 불과 몇천 원짜리 도미토리 게스트하우스까지 치앙마이 숙소는 그 스펙트럼이 매우 광범위하다. 그 가운데 대부분의 여행자들이 선호하는 3성급 이상의 호텔을 놓고 본다면, 치앙마이의 숙소들은 한국에 비해 미안할 정도로 저렴하고 가성비가 좋다.

게스트하우스 · 호스텔

주로 4~10인실의 2층 벙커 침대가 놓인 도미토리 객실이 주를 이루고, 혼자 여행할 때 저렴한 숙소로 이용하기 좋다. 수건이나 헤어드라이어가 없는 경우도 있고 따로 사용료를 받기도 하므로 미리 챙기면 좋다. 비수기 주말 도미토리 기준 약 240~350B.

1 마크텔 & 커피 p.194
Marktel & Coffee

2 투갤스 앤 더 피그 p.156
2 Gals and the pig

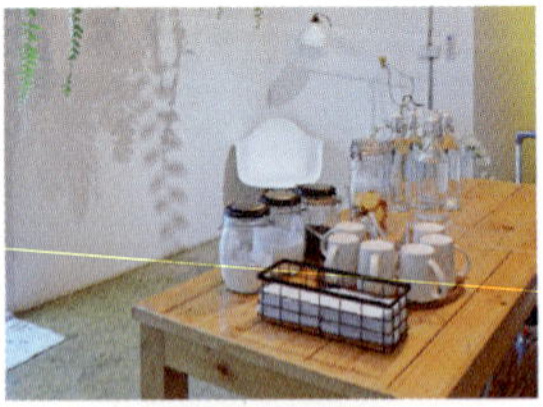
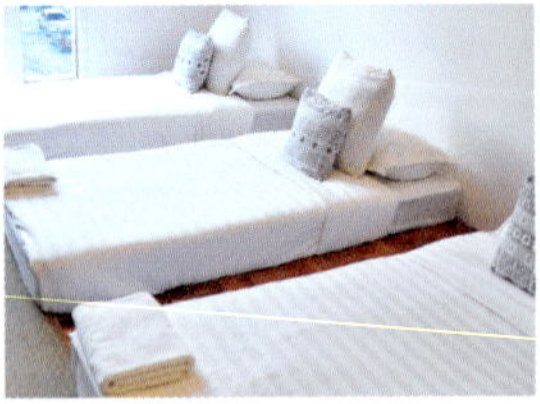

3 무안 호스텔 p.109
Muan hostel

부티크 호텔

부대시설은 호텔 체인에 비해 부족하지만 개성과 감각을 즐길 수 있는 호텔로 카페가 딸려 있는 경우가 많다. 호텔과 객실에 따라 요금 편차가 큰 편이고, 멋진 인증샷을 건질 확률이 높다. 비수기 주말 기준 약 850~5000B.

1 피우르 오텔 p.152
Pyur Otel

2 베드 님만 호텔 p.153
BED Nimman Hotel

3 호텔 데 자티스트 핑 실루엣 p.190
Hotel des Artists Ping Silhouette

Tip

숙소 예산 평균은?

어느 시기에 예약하느냐에 따라 다르지만 물가가 저렴한 치앙마이답게 수영장이 딸린 부티크 호텔을 비수기 기준으로 하룻밤 5~10만 원대에 이용할 수 있고, 1~2만 원 선이면 게스트하우스를 이용할 수 있다. 대신 성수기에는 1.5~2배가량 비싸진다는 걸 감안하자.

엘리베이터가 없는 치앙마이 숙소

특급 호텔이나 리조트를 제외하면 치앙마이 대부분의 숙소에는 엘리베이터가 없는 경우가 많아 무거운 트렁크를 들고 계단을 올라야 하는 불편을 감수해야 한다. 짐을 줄이거나 미리 홈페이지에서 엘리베이터 유무를 확인하는 게 좋겠다.

대형 호텔 체인

편안한 부대시설, 좋은 위치, 서비스와 룸 컨디션도 좋다. 특히 럭셔리한 풀장과 뷔페 조식을 선호하는 여행자들이 선호한다. 풀장으로 바로 통하는 풀 액세스룸이 인기. 비수기 주말 기준 약 4500~9000B.

1 르메리디앙 치앙마이 p.190
Le Meridien Chiang Mai

2 샹그릴라 호텔 p.189
Shangril-la Hotel

리조트

치앙마이 특유의 자연 친화적 분위기를 만끽하며 고급스러운 서비스, 풀장, 레스토랑, 스파 등을 함께 누릴 수 있다. 아난타라 리조트 외에는 치앙마이 외곽에 위치해 있어서 픽업 차량을 이용해야 한다. 자연을 벗 삼아 여유 부리고 싶을 때 더할 나위 없다. 비수기 주말 기준 약 9500~2만B.

1 아난타라 치앙마이 리조트 p.187
Anantara Chiang Mai Resort

2 포시즌즈 리조트 치앙마이 p.159
Four Seasons Resort Chiang Mai

3 다라데비 호텔 치앙마이 p.195
Dhara Dhevi Hotel Chiang Mai

콘도 · 서비스드 레지던스

아이를 동반한 가족이 이용하기 적합하다. 풀장이 있고 취사를 해결할 수 있는 주방이 딸려 있어 장기간 머물기에도 편리하다. 비수기 주말 기준 약 2600~9000B.

1 아난타라 서비스드 스위트 p.189
Anantara Serviced Suits

2 칸타리 힐즈 p.154
Kantary Hills

3 림핑 빌리지 p.191
Rimping Village

감성 빌리지

단지 이곳을 꿈꾸며 치앙마이를 찾는 여성이 많을 정도로 감성을 자극하는 숙소. 더없이 평화로운 풍경 속에서 숙소와 더불어 아기자기한 숍, 맛있는 레스토랑이 함께 빌리지를 이뤄 치앙마이만의 감성을 전한다. 예산은 약 1500~2000B.

1 호시하나 빌리지 p.160
Hoshihana Village

2 이너프 포 라이프 p.123
Enough for life

하루쯤은 현지인처럼, 에어비앤비

현지인이 운영하는 에어비앤비에 묵어보는 것도 색다른 경험. 형태는 주로 단독주택, 아파트, 콘도 등으로 특히 간단한 조리가 가능한 주방이 있어 직접 재료를 사다 식사를 해결할 수 있어 경제적이다. 요즈음에는 비교적 저렴한 가격대의 깔끔하고 트랜디한 숙소들이 많아져 내 취향에 맞는 곳을 찾기 어렵지 않다.

에어비앤비 이용하기

호스트와 게스트간의 철저한 신뢰를 바탕으로 운영되는 에어비앤비는 사이트에서 회원 가입을 해야 이용할 수 있다. 마음에 드는 숙소를 발견해 예약하면 24시간 이내에 호스트로부터 답신이 온다. '집 전체'는 오롯이 한 팀이 집 전체를 사용할 수 있다는 뜻이고 '개인실'은 방 하나만 사용 가능하다는 뜻으로 주인으로부터 현지 여행의 팁을 구할 수 있다는 장점이 있다. 그 숙소의 주소나 연락처 등은 보통 예약이 이루어진 후에 공개한다. 비수기 주말 기준 약 750~1000B.

• **에어비앤비** www.airbnb.co.kr • **홈어웨이** www.homeaway.co.kr

추천 에어비앤비

1 원 베드룸 아파트먼트

One-bedroom Apartment

마야 쇼핑몰에서 도보 10분 거리(900m)에 있는 깔끔한 원룸 아파트로 시원하게 트인 뷰와 넓은 발코니가 장점. 원목으로 마감하여 자연주의적인 느낌을 살렸으며 주방과 거실, 풀장과 헬스클럽 등을 이용할 수 있다.

요금 집 전체 980B(비수기 주말 기준)

2 디럭스 앤 코지 스튜디오

Deluxe and Cozy Studio

마야 쇼핑몰에서 도보 7분 거리(550m)에 있는 단독주택의 개인실이다. 군더더기 없이 깔끔한 인테리어로 꾸몄으며 조리 도구가 비치된 주방이 있어 아이와 함께인 가족 여행자에게도 적합하다. 풀장이 있고, 프라이빗 파티를 즐길 수 있는 베란다가 딸려 있다.

요금 개인실 1000B(비수기 주말 기준)

3 브랜뉴 아파트

Brand-new Apt

마야 쇼핑몰에서 도보 5분 거리(350m)의 훼이깨우 로드에 위치한 신축 콘도이다. 화이트 & 우드 인테리어로 마감해 매우 깔끔한 분위기로 집 전체 이용이 가능하다. 단정한 거실을 비롯해 간단한 조리가 가능한 주방이 있으며, 루프탑 풀장과 사우나룸, 헬스클럽이 있다.

요금 집 전체 780B(비수기 주말 기준)

4 써니 휴즈 콰이어트 룸

Sunny Huge Quiet Room

여행을 좋아하는 젊은 커플이 운영하는 타운하우스형 숙소로 타패 게이트에서 도보 10분 거리다. 50년 된 삥강변의 집을 인더스트리얼 & 내추럴 스타일로 리모델링했다. 넓은 발코니와 개별 욕실이 딸려 있는 개인실로 전자레인지, 커피머신 등이 비치된 주방이 있고, 바비큐를 즐길 수 있는 마당도 있다.

요금 개인실 885B(비수기 주말 기준)

5 반 플로이 인

Baan Ploy-in

창푸악 게이트에서 가까운 올드타운의 주택가에 위치한 아파트이다. 개별 욕실이 있고 취사 가능한 공용 주방과 30바트에 이용할 수 있는 세탁기가 있다. 라이브 재즈바로 유명한 노스게이트 재즈바를 걸어서 갈 수 있는 거리.

요금 개인실 750B(비수기 주말 기준)

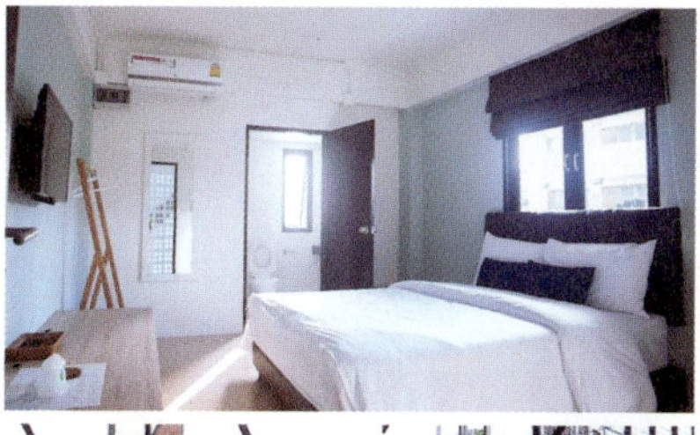

06 Hello! Chiang Mai
치앙마이 럭셔리 스파 vs 실속 마사지

방콕 스타일 vs 치앙마이 스타일 마사지

손, 발, 팔뚝, 팔꿈치, 무릎 등 온몸을 사용하여 몸에 축적된 긴장을 풀어주는 타이 마사지는 방콕을 비롯한 태국 중남부 스타일과 치앙마이를 중심으로 한 북부 스타일이 약간 다르다. 중남부 스타일은 다이내믹한 움직임이 포함된 빠른 템포의 마사지가 특징이다. 그에 비해 치앙마이 스타일은 요가나 스트레칭 동작을 사용하는 느린 템포의 마사지를 통해 심신을 안정시키는 것이 포인트이다.

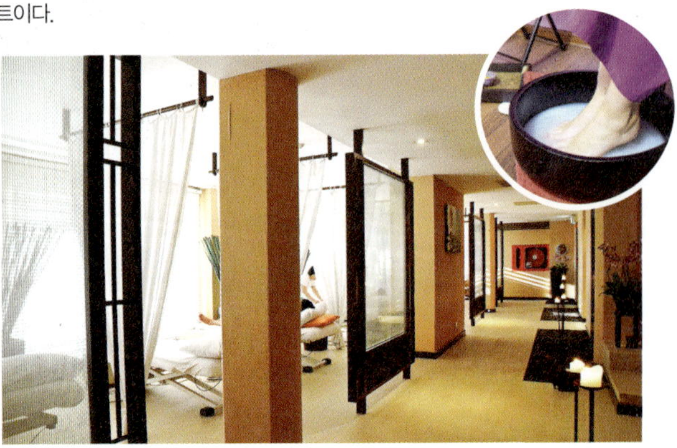

럭셔리 스파 vs 실속 마사지

일반적으로 '스파'라는 이름이 붙은 곳은 고유의 마사지 테크닉을 도입한 럭셔리 마사지숍. 쾌적하고 럭셔리한 개인 룸에서 전문 테라피스트의 체계화된 서비스를 받을 수 있으며 아유르베다, 아로마, 핫오일, 솔트, 적외선 등을 이용한 시그니처 프로그램을 갖추고 있다. 반면, 실속 마사지는 현지인들이 즐기는 길거리나 사원에서 이루어지는 초저가 마사지에서부터 풋 마사지, 타이 마사지로 대표되는 200바트 선의 보급형 마사지가 주를 이룬다.

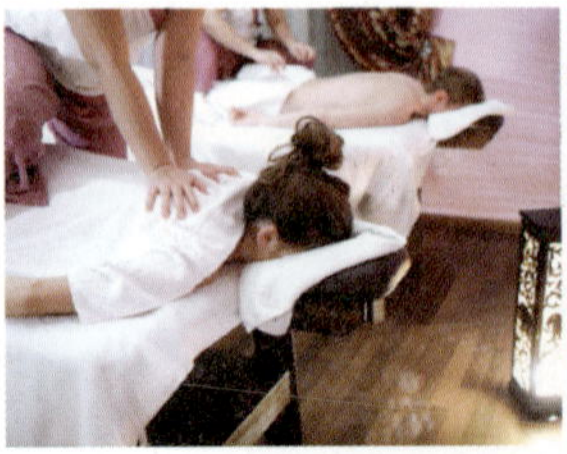

Tip

만족도 높이는 마사지 팁

태국 관련 카페나 블로그에서 먼저 가본 사람의 평을 참고해서 숍을 고르는 것도 좋다. 실제로 여행 중에 여러 마사지 숍을 다니지만 100% 만족하는 마사지사를 만나기가 그리 쉽지 않다. 그래서 마사지사와의 커뮤니케이션이 중요한데, 마사지 중에 더 센 강도를 원하면 '낙낙', 더 약한 강도를 원하면 '짭짭'이라고 말하면 알아듣는다. 팁은 만족도에 따라 50~100바트 정도가 적당하다.

추천 럭셔리 스파(2000~3000B)

1
라린진다 웰니스 스파 p.184
Rarinjinda Welness Spa

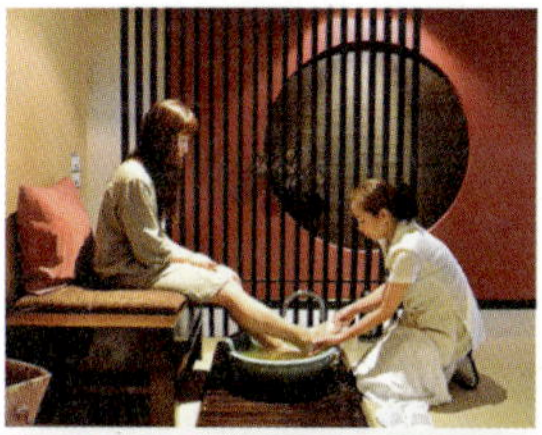

2
오아시스 스파 란나 p.96
Oasis spa Lanna

3
나카라 스파 p.184
Nakara Spa

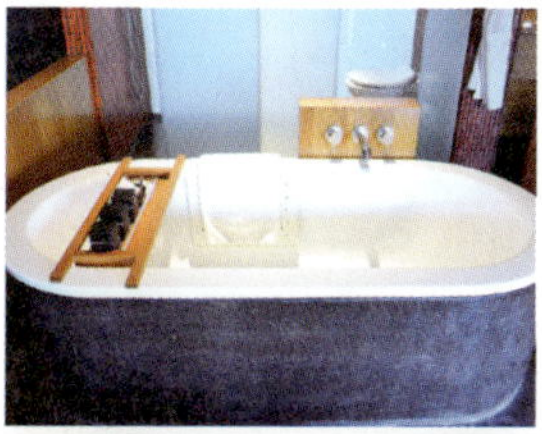

추천 실속 마사지(200B~600B)

1
파란나 마사지 p.186
Fah Lanna Massage

2
쿤카 마사지 p.97
Khunka Massage

3
님만하우스 마사지 p.150
Nimman House Massage

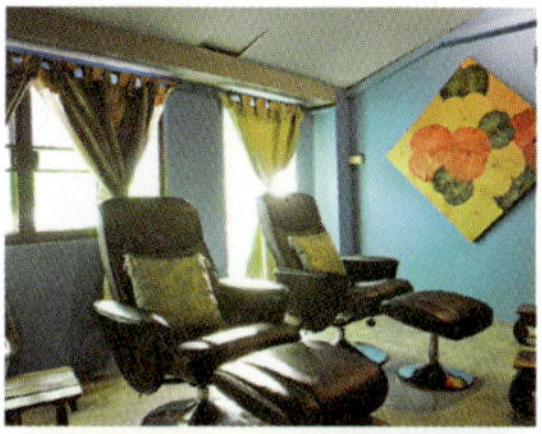
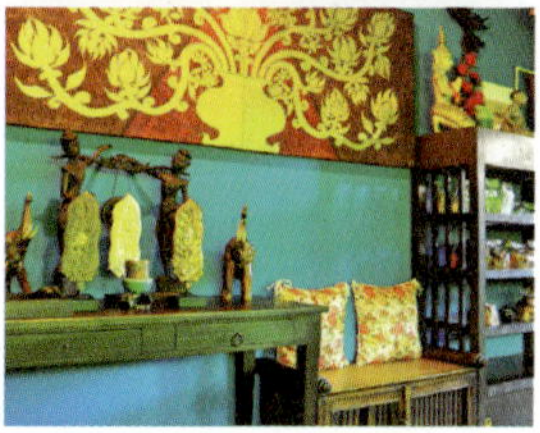

07 Hello! Chiang Mai 여행자도 즐기는 치앙마이 축제

세계적으로도 유명한 치앙마이 축제 때는 항공료도 오르고 숙소도 구하기 힘들지만 갈 수만 있다면 대박! 생동감 있는 사진은 물론 평생 추억거리를 덤으로 얻을 수 있는 축제를 현장에서 즐겨보자.

1월

버쌍 우산축제

Bosang Umbrella Festival

200여 년 역사의 버쌍 수공예 우산을 홍보하기 위해 여는 축제로 매년 1월 중순쯤에 열린다. 버쌍의 10개 마을 주민들이 한 달 전부터 준비하는 이 축제날엔 태국 전통춤, 퍼레이드 행렬, 노점상들, 관광객들로 후끈해진다. 이 축제의 하이라이트는 미스 버쌍 선발대회. 태국에서도 미인이 많기로 유명한 치앙마이 미인들을 한자리에서 만나볼 수 있다.

2월

치앙마이 꽃축제

Chiang Mai Flower Festival

순수하고 화사한 웃음이 아름다운 치앙마이 여인들이 꽃이 되는 40년 전통의 축제. 매년 2월 첫째 주말에 사흘 동안 열린다. 농부악 핫 퍼블릭 파크가 메인 축제 장소로 꽃 전시와 더불어 먹거리 장터가 펼쳐진다. 하이라이트는 삥강 나와랏 다리에서 시작해서 농부악 핫 퍼블릭 파크까지 이어지는 대대적인 퍼레이드로 사진 찍기에도 좋다.

4월

쏭크란 축제

Songkran Festival

매년 4월 13~15일 사흘간, 태국인들의 정월 초하루인 쏭크란 때 열리는 '물의 축제'다. 서로 물을 뿌려주며 축복을 기원하는 이 날 치앙마이 타패 게이트 앞에서는 가장 떠들썩한 물 뿌리기 한판이 벌어진다. 이날 휴대폰은 방수팩에 넣고 노트북 같은 전자기기는 들고 가지 않는 것이 좋다.

5월

인타킨 페스티벌

Inthakin Festival

태국에서 전통적으로 도시를 세울 때마다 상징적인 기둥을 세우는데 이를 '인타킨'이라 한다. 왓 쩨디 루앙을 중심으로 일주일간 펼쳐지는 종교 축제로, 복을 비는 축제이자 기우제 행사로 시가지 행진, 공연 등의 볼거리가 이어진다.

6월

망고의 날 축제

Chiang mai Mango day Festival

매년 6월 7일부터 사흘간 열리는 망고 축제로 치앙마이 정부가 개최한다. 치앙마이와 치앙다오 지역의 50여 개가 넘는 망고 농장에서 생산되는 망고를 홍보하는 게 목적으로, 참가비는 없으며 오전 8시부터 오후 6시까지 행사가 진행된다.

10월

채식주의자 축제

Vegetarian Festival

10월 13~22일 약 9일간 열리는 채식주의자 축제는 와로롯 마켓과 타패 게이트 앞에서 열린다. 축제 기간 동안 다채로운 쇼와 전통춤, 공연이 열리며 참가자 모두에게 무료 채식 체험을 할 수 있는 여러 이벤트를 연다.

11월

러이 끄라통 축제

Loi Krathong Festival

쏭크란이 물의 축제라면, 러이 끄라통은 빛의 축제다. 매년 태국력으로 12월 보름, 보통 10월 하순에서 11월 사이에 초와 꽃 등을 실은 연꽃 모양의 배(끄라통)를 강물에 띄워 보내고 하늘에 풍등(콤러이)을 날리며 신에게 기원하는 날이다.

12월

팝 마켓

Pop Market

치앙마이 디자인 위크 기간 동안 열리는 마켓이다. 높은 퀄리티의 디자인 소품은 물론 쟁쟁한 카페와 레스토랑 오너들이 셀러로 참여한다. 올드타운의 왓 치앙만뿐 아니라 치앙마이 곳곳에서 팝 마켓이 열린다. 카페 등에 두툼한 타블로이드판 안내 책자가 비치되어 있으므로 참고하면 유용하다

핑파이 페스티벌

Ping Fai Festival

약 일주일간 님만해민 소이 6에서 열리는 겨울의 '모닥불 음식 축제'로 연말연시 분위기를 한껏 돋운다. 하이라이트인 모닥불에 마시멜로 구워 먹기를 비롯해서 셀 수 없을 만큼 다양한 먹거리들이 총출동한다. 먹거리 부스를 돌면서 두어 가지만 먹어도 저녁 한 끼는 마무리. 작가들의 핸드메이드 소품이나 DIY 시연도 이루어진다.

NAP Nimmanhaemin Art & Design Promenade

치앙마이에서 활동하고 있는 예술가들이 총출동한다 할 정도로 개성 강하고 수준 높은 작품들이 님만해민 소이 1 골목에 부스를 연다. 문화 퍼포먼스와 밴드의 연주, 홈데코 관련 도자기와 풍등 만들기, 수채화 등의 워크숍이 다양하게 열린다. 평소 관심 있는 분야의 워크숍에 참여하면 나만의 애장품도 생기고 소소한 추억도 된다.

08 Hello! Chiang Mai
알아두면 쓸모 있는 치앙마이 상식

치앙마이 여행을 검색하다가 한 번쯤 가져봤을 법한 의문들. 잘 정리된 치앙마이 상식이 있다면 더 이상 헤매지 않아도 좋다!

네모난 성곽, 올드타운의 정체는?

유독 치앙마이 지도에서 눈에 띄는 네모난 성곽 안의 올드타운. 그 역사는 란나타이 왕국의 멩라이 왕이 수도를 치앙라이에서 치앙마이로 천도한 1296년부터 시작된다. 당시 미얀마와 타이 등의 주변국들의 끝없는 위협 때문에 올드타운에 성벽을 쌓고, 성 바깥쪽에는 해자를 두어 단단히 방어했다. 이런 노력에도 불구하고 올드타운은 미얀마와 타이의 아유타야 왕조에 점령되었고, 한때는 버려진 왕국이었다가 1774년에 공식적인 시암의 일부가 되어 오늘에 이른다. 성곽 안의 올드타운에는 동서남북으로 4개의 메인 게이트가 있는데 동쪽에는 타패 게이트, 서쪽에는 쑤언독 게이트, 남쪽에는 치앙마이 게이트, 북쪽에는 창푸악 게이트가 있다.

공용어는 태국어

외국인 관광객이 많이 찾는 음식점이 아니면, 태국어로만 적혀 있는 경우가 많다. 대화가 필요할 때는 구글 번역기를 돌리는 방법도 있다. 치앙마이에는 방언이 있는데 여성들이 말할 때는 뒤에 '짜오'를 붙인다. 싸왓디짜오! '안녕하세요'라는 뜻이다.

여행하기 좋은 겨울이 성수기

3월부터 9, 10월경까지는 우리나라 한여름 이상의 무더위를 각오해야 한다. 하지만 11월부터 다음해 2월까지는 낮엔 30℃를 살짝 웃돌고 아침 · 저녁으로 한국의 가을 날씨처럼 선선하다. 이 시기가 치앙마이 여행의 성수기. 여행하기 딱 좋은 날씨이니만큼 항공권, 숙박료 등의 요금이 비싸진다.

서울시보다 작은 므앙 치앙마이

이 책에서 다루는 치앙마이는 정확히 말하면 태국 북부에서 가장 면적이 큰 주인 치앙마이 주의 주도인 치앙마이 시다. 그 가운데서도 올드타운, 님만해민, 올드타운, 나이트바자 & 삥강 권역처럼 한국 여행자들이 주로 다니는 곳은 치앙마이 시의 가장 중심 타운인 므앙 치앙마이다. 므앙 치앙마이는 서울시보다 작다.

물가는 한국보다 저렴한 편

여행자들의 필수 지출 요소인 식사, 카페, 숙소 비용을 예로 들어보면, 서민적인 한 끼 식사는 평균 30~50바트 선(1000~2000원), 일반 모텔급 숙소는 1박에 500~800바트 선(1만5000~2만5000원)으로 한국보다 확실히 저렴하다. 이에 비해 커피 한 잔 값은 60~100바트 선(2000~3300원), 마트 맥주 50바트 이상(1900원)으로 한국과 비슷한 수준. 특히 수입 제품은 치앙마이 평균 물가에 비해 다소 비싼 편이다.

생각보다 잘 터지는 와이파이

치앙마이는 생각보다 와이파이가 잘 되어 있다. 특히 여행자들에게 알려진 카페나 최근 숙소들은 와이파이의 중요성을 잘 알고 있다. 장소에 따라 속도의 차이는 있지만 휴대폰이나 가벼운 노트북 작업 정도는 가능하다. 하지만 작은 로컬식당에서까지 기대하기는 힘들다.

로밍 VS 유심칩

로밍이나 포켓 와이파이에 비해 유심칩을 사용하는 것이 가격이나 현지 활용도를 고려했을 때 가성비가 좋다. 유심칩은 편의점보다는 장착과 설정을 도와주는 공항이나 쇼핑몰의 통신사 대리점에서 구입해야 편리하다. 국내에서도 태국에 비해 저렴한 가격에 유심칩을 구입해서 미리 장착하고 출발할 수 있다.

※ 국내 유심칩 구입 사이트 http://usim.cheap/kr/aboutSim.tc

현지 화폐와 신용카드, 어떻게 챙길까?

국내 은행에서 바트화로 미리 환전해놓는 것이 마음도 편하고 환율 우대를 받을 경우 경제적이지만, 실제로 치앙마이 현지에서는 우리은행 EXK 카드만큼 유용한 것이 없다. 초록색의 카시콘 뱅크 Kasikorn Bank ATM에서 인출하면 국제현금카드 중 가장 저렴한 수수료로 이용할 수 있다. 아울러 호텔 체크인이나 바이크 렌트 시 보증금 용도로 사용할 신용카드도 챙겨가자. 치앙마이에서는 주로 현금을 사용하지만 500바트 이상이거나 대형마트에서 결제할 때 카드 사용이 가능하다. 치앙마이 사설 환전소 중에서는 '슈퍼리치'가 가장 환율이 좋다.

치앙마이 팁 문화는?

치앙마이도 우리나라처럼 팁 문화가 그리 발달하지 않았기 때문에 팁 스트레스는 없다. 그러나 특별히 마사지숍에서는 고마움을 표시하는 의미로 직접 팁을 주는 게 좋다. 보통 50~100바트 정도.

숫자로 보는 치앙마이

비행 시간 약 **5** 시간 **40** 분

직항일 경우를 기준으로 했다. 경유 항공편의 소요 시간은 천차만별이다.

시차 **2** 시간

한국보다 2시간 늦다. 즉, 한국이 아침 10시라면 치앙마이는 8시.

환율 **1** 바트 = **34** 원

태국 바트화 1THB(B)=약 34원 (2017년 9월 기준)

전압 **220** V

우리와 같은 220V로 사용하던 헤어드라이어를 가져가도 된다.

09 Hello! Chiang Mai
치앙마이를 더 깊이 이해하는 6가지 키워드

사랑하면 궁금하게 되고, 알고 나면 더욱 사랑하게 되는 치앙마이에 관한 이야기.
6가지 키워드를 중심으로 살펴봤다.

① 세상에서 가장 행복한 임금님, 푸미폰 국왕

2016년 10월 13일, 향년 88세로 서거한 푸미폰 아둔야뎃 Bhumibol Adunyadet 태국 국왕은 재위 기간이 70년으로 태국뿐만 아니라 세계 최장수 국왕으로도 알려져 있다. 재위 기간 동안 3000여 가지의 국가 사업인 '로얄 프로젝트'를 통해 자국민들의 삶의 질을 향상시켜 왔다. 국민을 진심으로 사랑하고, 예술을 사랑했던 푸미폰 국왕에 대한 태국 사람들의 그리움의 뿌리를 알게 되면 치앙마이를 더욱 깊이 이해하게 된다. 현재의 국왕은 그의 아들인 마하 와치랄롱꼰 라마 10세다.

② 로얄 프로젝트, 치앙마이 감각의 근원

푸미폰 국왕 일가에 의해 행해진 로얄 프로젝트 Royal Project의 가장 유명한 이야기는, 마약에 취해 있던 태국 북부 고산족들을 구제하기 위해 왕실 재단이 지원하고 이끈 로얄 프로젝트 스토리다. 그 결실의 큰 상징이 된 것은 도이창, 도이퉁으로 회자되는 커피. 아울러 디자인 관련 예술가에 대한 지원은 원래 솜씨가 정교하기로 태국 내에서도 유명한 치앙마이인들의 감각을 한 단계 업그레이드하는 계기가 되었다.

③ 태국의 승려와 탁발

어둠이 채 가시지 않은 새벽 6시, 분주하고 활기 넘치는 새벽시장에서 가장 눈에 띄는 건 맨발에 주황색 가사를 걸치고 탁발에 나선 승려들이다. 상인들은 음식과 꽃을 바치고, 출근길에 잠시 들른 청년은 그 앞에 무릎을 꿇고 앉아 현금을 바치기도 한다. 이렇게 시주를 하며 덕을 쌓는 탐 분을 해야 공덕을 많이 쌓아 현세나 내세에 복을 받는다고 믿는다. 승려들은 그들의 공덕을 빌어준다.

④ 치앙마이의 길거리 동물들

그들은 엄청난 인파가 몰려드는 공간에서 끄떡없이 수면 삼매경에 빠져 있기도 하고, 사원의 부처님 앞에서 뒹굴기도 하며 치앙마이 사람들과 함께한다. 태국인들은 사람이 죽으면 개나 원숭이로 환생한다는 윤회사상을 믿기 때문에 개고기를 안 먹고 특히 개에게 관대하다. 노점상이나 상가, 혹은 주택가에 영을 위해 공양된 음식을 먹고 사는 경우가 많아 적어도 굶주림은 면한 듯 보인다.

⑥ 눈이 내리지 않는 치앙마이의 겨울

치앙마이에도 화이트 크리스마스가 있을까? 상하의 나라인 태국에는 당연히 눈이 내리지 않는다. 그래서 치앙마이 사람들은 대부분 눈을 본 적이 없고, 죽기 전에 꼭 한 번 보고 싶다고도 말한다. 그리하여 이곳 사람들에게 화이트 크리스마스는 영화 속에서나 보는 진풍경. 치앙마이에서 크리스마스를 느낄 수 있는 곳은 외국인 여행자들을 상대로 하는 대형 호텔이나 레스토랑 정도.

⑤ 치앙마이만의 클럽 문화

감각적인 카페와 레스토랑이 많은 치앙마이지만 유독 아쉽다는 평을 듣는 것이 바로 나이트라이프다. 태국 군부가 2014년 5월에 발표한 '알코올에 관한 법률'에 의해 클럽들도 12시, 혹은 늦어도 새벽 2시에는 문을 닫아야 한다. 그러다 보니 젊은이들은 여러 클럽을 전전하며 젊음을 불태우기도 한다. 올드타운은 서양인들이 모이는 조인옐로우 클럽 골목이, 님만해민 쪽은 웜업 클럽이나 세련된 인피니티 클럽, 그리고 깟 쑤언 깨우 지하의 테이크잇 클럽이 나름 선전하고 있다. 외국인 여행자라면 반드시 여권 원본을 지참해야 한다.

Tip

엄격한 태국 알코올에 관한 법률

기본적으로 태국은 불교와 관련된 날이나 선거일 전후, 국왕과 왕비의 생일에는 공공장소에서의 음주와 술 판매를 금지하고 있다. 또 대학교 이하의 모든 학교와 사원 근처 300m 안에서는 주류를 판매할 수 없다. 태국 내의 대형마트에서는 태국 정부에서 지정한 시간인 오전 11시~오후 2시, 오후 5시~밤 12시에만 술을 구입할 수 있다. 이 시간 외에 술을 사려면 동네의 작은 구멍가게나 펍, 식당으로 가야 한다.

10 Hello! Chiang Mai
치앙마이 버킷리스트 10

"푹 쉬고 싶다"거나 "첫 해외 여행지를 추천해달라"면 같은 동양이면서도 이국적인 정서가 남다른 치앙마이를 추천하겠다. 이왕이면 직접 체험하면서 몸에 추억을 새기는 여행이라면 만족도 200%. 치앙마이에서 꼭 해야 할 버킷리스트 10가지를 꼽아봤다.

① 딱 내 취향이야! 취향 저격 공간에서 감성 충전하기

② 개성 톡톡 작은 카페 투어하며 맛있는 커피 한잔하기

③ 하루 5끼도 부족해!
치앙마이 별미와 열대과일 마음껏 먹기

④ 마구 깎기도 미안해! 흥정을 즐기는 야시장 쇼핑

⑤ 온몸이 노곤노곤! 1일 1 마사지 받기

⑥ 자연 그대로의 맛!
쿠킹스쿨에서 태국 음식 만들어 먹기

⑦ 삥강변의 무드 만끽하기

⑧ 지극히 여유롭고
'치앙마이스러운' 숙소에서 하룻밤

⑨ 너는 내 친구! 코끼리랑 한나절 보내기

⑩ 물 뿌리고, 풍등 날리고!
치앙마이 축제 참여하기

11 Hello! Chiang Mai
실전 치앙마이 베스트 여행 코스

1km 내외는 도보로 이동하고 그 이상은 택시를 이용한다. 스폿과 스폿 간의 소요시간은 구글맵에 따른 것이다.

치앙마이 첫 여행, 핵심 3박 4일

님만해민에 숙소를 정하고 올드타운, 나이트바자 & 삥강 권역에서 즐기면 좋은 대표적인 스폿과 요즘 핫한 반캉왓까지 들러보는 코스. 각 권역의 볼거리와 맛집, 카페를 충실하게 즐길 수 있다.

1Day 님만해민

1 08:00 택시 15분
치앙마이 국제공항

2 08:30 도보 5분
님만해민 호텔 체크인

3 09:00 도보 10분
쿤머 퀴진 p.134 아침

4 10:00 도보 10분
마야 쇼핑몰 p.118 + 씽크파크 p.120 (로컬 카페 p.121)

5 14:00 도보 1분
까이양 위치엔부리 p.135 숯불 닭구이 점심

6 15:00 도보 5분
님만해민 골목 산책

7 16:00 도보 5분
아이베리 가든 p.142 스무디

8 17:30 도보 4분
떵 템 토 p.134 태국 북부 음식 저녁

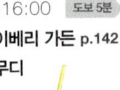

9 19:00 도보 2분
님만하우스 마사지 p.150

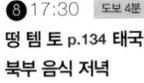

10 21:00
호텔 야이 p.154 루프탑 바

2Day 님만해민 + 올드타운

1 09:00 도보 1분
러스틱 & 블루팜 숍 p.149 정원 브런치

2 10:30 택시 8분
리스트레토 랩 p.143 커피

3 11:30 도보 13분
왓 프라씽 p.72

4 12:30 도보 8분
왓 쩨디 루앙 p.73

5 13:30 도보 1분
림라오 응어우 p.85 or 싸왓 국수 p.86

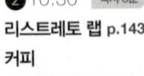

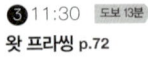

❻ 14:30 도보 5분
삼왕상 p.76 + 치앙마이 시티 아트 & 문화 센터 p.76 + 란나 포크라이프 뮤지엄 p.77

❼ 16:00 택시 10분
쿤카 마사지 p.97

❽ 19:30
깐똑 디너쇼(올드 치앙마이 문화센터) p.78

3Day 반캉왓 + 나이트바자 & 삥강

❶ 08:30 택시 10분
숙소 조식

❷ 09:40 도보 10분
왓 우몽 p.115 + 반캉왓 p.122

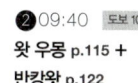

❸ 12:00 도보 5분
금붕어 식당 p.139 점심

❹ 13:30 택시 16분
넘버 39 p.141 + 페이퍼스푼 p.131

❺ 15:00 도보 15분
타패 게이트 p.75 산책

❻ 16:00 도보 5분
와로롯 마켓 p.169 구경하기

❼ 17:00 도보 2분
우카페 & 갤러리 p.179 or 나카라 자뎅 p.180

❽ 18:30 도보 12분
삥강변 레스토랑 더 굿뷰 p.175에서 저녁

❾ 20:00
나이트바자 p.168, 아누싼 나이트 마켓 p.170에서 마지막 밤

4Day 치앙마이 국제공항으로

❶ 09:00 도보 10분
더 라더 카페 p.144 브런치

❷ 11:00 택시 15분
숙소 체크아웃

❸ 11:30
치앙마이 국제공항

인스타 감성의 트렌디 치앙마이 3박 4일

치앙마이 사람들의 감각을 배울 수 있는 공간이자 사진발이 좋아 인생샷을 건질 가능성이 높은 스폿에 집중했다. 첫날은 님만해민에서 놀고, 둘째 · 셋째 날은 스폿들 간의 거리가 있기에 차로 이동해야 하는 불편함은 있다.

1Day 님만해민 즐기기

❶ 09:00 택시 15분
치앙마이 국제공항

❷ 09:30 도보 5분
님만해민 호텔 체크인

❸ 10:00 택시 7분
마야 쇼핑몰 p.118+ 씽크파크 p.120 (로컬 카페 p.121)

❹ 12:00 도보 1분
펭귄 빌라 p.124 구경하기

❺ 13:00 택시 10분
배어풋 카페 p.125 점심 + 펭귄 게토 p.125 후식

❻ 15:00 도보 9분
치앙마이 대학교 아트센터 p.116

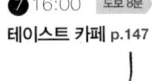

❼ 16:00 도보 8분
테이스트 카페 p.147

❽ 17:30 도보 6분
떵 템 토 p.134 태국 북부 음식 저녁

❾ 19:00 도보 2분
님만하우스 마사지 p.150

❿ 21:00
마야 쇼핑몰 p.118 6층에서 님만힐 야경 감상하며 맥주 한잔

2Day 나이트바자 & 삥강

❶ 09:00 택시 20분
러스틱 & 블루팜 숍 p.149 정원 브런치

❷ 10:30 도보 6분
자이분 p.196에서 촉촉한 케이크와 커피

❸ 12:00 도보 18분
준준숍 & 카페 p.197

❹ 13:30 택시 20분
미나 라이스 베이스드 퀴진 p.196 점심

❺ 15:30 도보 2분
짜런랏 로드 산책 + 우카페 & 갤러리 p.179

6 18:30 도보 9분
데크 원 p.176 저녁

7 20:00 도보 4분
딥디 바인더 p.173 쇼핑

8 21:00
나이트바자 p.168 등 야시장 쇼핑 + 간식

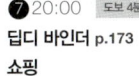

3Day 반캉왓 + 올드타운

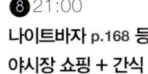

1 09:00 택시 10분
더 라더 카페 p.144 브런치

2 10:00 도보 10분
왓 우몽 p.115 + 반캉왓 p.122

3 12:00 도보 5분
금붕어 식당 p.139 점심

4 13:00 택시 12분
넘버 39 p.141 + 페이퍼스푼 p.131

5 14:30 도보 13분
왓 프라씽 p.72

6 15:30 도보 10분
왓 쩨디 루앙 p.73

7 16:30 도보 1분
그래프 카페 p.93

8 17:30 도보 3분
올드타운 골목 산책

9 19:00
바이핸드 카페 p.88 피자와 맥주

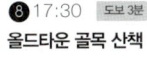

4Day 치앙마이 국제공항으로

1 09:00 택시 15분
숙소 조식 후 체크아웃

2 10:30
치앙마이 국제공항

치앙마이 시내에 외곽을 더한 3박 4일

치앙마이 시내 분위기도 파악하고, 외곽 쪽으로 나가 바람을 쐬기 좋은 코스.
왓 프라탓 도이수텝과 연계해 몽족 마을인 도이뿌이도 들를 수 있다. 치앙마이 시내 동쪽의 산캄팽 온천과 버쌍 우산마을은 함께 묶어서 돌아볼 만하다. 돌아오는 길에 산캄팽에서 멀지 않은 유명한 카페와 맛집에도 들러보자.

1Day 님만해민 + 왓 프라탓 도이수텝

❶ 09:00 택시 15분
치앙마이 국제공항

❷ 09:30 도보 5분
님만해민 호텔 체크인

❸ 10:00 택시 4분
마야 쇼핑몰 p.118 **+ 씽크파크** p.120 **(로컬 카페** p.121**)**

❹ 12:00 썽태우 20분
치앙마이 대학교 근처에서 썽태우 타기

❺ 13:30 썽태우 27분
왓 프라탓 도이수텝 p.200 **+ 도이뿌이** p.201

❻ 16:30 도보 2분
리스트레토 랩 p.143

❼ 18:00 도보 2분
홍태우 p.137 **저녁**

❽ 19:00 도보 15분
아티스트 마사지 & 스파 p.151

❾ 21:00
나머시장 & 랑머시장 p.128 **야식**

2Day 올드타운 + 나이트바자

❶ 06:30 도보 10분
치앙마이 게이트 마켓 p.80 **아침 + 탁발 구경**

❷ 08:00 도보 13분
왓 쩨디 루앙 p.73

❸ 09:00 도보 6분
왓 프라씽 p.72

❹ 10:00 도보 3분
파카마라 커피 p.95

❺ 13:30 도보 1분
림라오 응어우 p.85 **or 싸앗 국수** p.86

❻ 14:30 도보 18분
삼왕상 p76 + 치앙마이 시티 아트 & 문화센터 p.76 + 란나 포크라이프 뮤지엄 p.77

❼ 16:00 도보 5분
와로롯 마켓 p.169

❽ 17:00 도보 2분
우카페 & 갤러리 p.179 or 나카라 자뎅 p.180

❾ 18:30 도보 12분
삥강변 레스토랑 더 굿뷰 p.175에서 저녁

❿ 20:00
나이트바자 p.168 + 쁠룬루디 마켓 p.169

3Day 산캄팽 + 버쌍 + 나이트바자

❶ 08:00 썽태우 50분
숙소 조식 후 와로롯 마켓 썽태우 정류장에서 산캄팽행 노란 썽태우 승차

❷ 10:00 썽태우 30분
산캄팽 온천 p.203에서 계란 쪄 먹으며 족욕하기

❸ 12:00 도보 5분
버쌍 푸드센터에서 점심

❹ 13:00 썽태우 10분
버쌍 우산마을 p.203

❺ 14:30 도보 18분
미나 라이스 베이스드 퀴진 p.196

❻ 16:00 도보 2분
준준숍 & 카페 p.197

❼ 17:00 택시 15분
반 셀라돈 p.197

❽ 19:00 도보 2분
아누싼 마켓 p.170 + 모오차 p.177 저녁

❾ 20:30
차이 마사지 p.186

4Day 치앙마이 국제공항으로

❶ 09:00 도보 10분
더 라더 카페 p.144 브런치

❷ 10:30 택시 15분
숙소 체크아웃

❸ 11:00
치앙마이 국제공항

> *Tip*
>
> **치앙마이 여행 일정에 토요일이 끼어 있을 때**
>
> 일정 중 토요일이 끼어 있다면 반드시 나나정글, 호시하나 빌리지, 세러데이 마켓, 이 세 곳은 계획에 포함시키자.
>
> 08:00 나나정글에서 쇼핑 + 아침 (택시 30분)
> 10:00 호시하나 빌리지 둘러보고 런치 (도보 5분)
> 12:30 그랜드 캐니언에서 다이빙 + 커피 (택시 30분)
> 14:00 타패 게이트 구경하기(도보 10분)
> 17:00 세러데이 마켓 쇼핑 + 저녁

ประตูเชียงใหม่
CHIANG MAI GATE

Here is Chiang Mai

지금 여기, 치앙마이

01 Here is Chiang Mai
치앙마이 들어가고 나오기

직항으로 치앙마이 가기

현재 한국에서 치앙마이로 가는 직항은 대한항공과, 2017년 초 대한항공과 공동 운항 제휴를 맺은 델타항공이 유일하다. 직항은 보통 늦은 오후 인천에서 출발해서 밤 11시쯤 치앙마이 국제공항에 도착한다. 소요 시간은 약 5시간 40분. 따라서 직항을 타고 간다면 첫날은 여행 일정을 잡기 어렵다.

※ 인천 → 치앙마이 : 대한항공 수, 목, 토, 일요일 주 4회 하루 1편

방콕 경유해서 치앙마이 가기

인천 → 방콕 항공편은 워낙 항공사가 다양하며, 방콕의 돈므앙 국제공항이나 수완나품 국제공항으로 도착한다. 여기서 다음의 교통편을 이용해 치앙마이로 이동할 수 있다.

● 방콕에서 치앙마이 이동하기

❶ **태국 국내선 :** 돈므앙 국제공항에서 출발하는 에어아시아, 녹에어, 타이라이언에어 외에 나머지는 수완나품 국제공항에서 출발하며 치앙마이까지 1시간 15분가량 소요된다. 돈므앙 국제공항과 수완나품 국제공항 사이는 차로 약 40분~1시간 정도.

❷ **기차 :** 대부분 여행자들이 가장 선호하는 것은 방콕 후알람퐁 역에서 치앙마이까지 야간 기차를 타고 가는 방법이다. 최신 시설을 갖춘 새 기차는 오후 6시경에 출발하며 일반 기차보다 약간 빠른 약 13시간쯤 걸린다. 매우 낮은 온도로 에어컨을 켜놓으므로 긴팔 겉옷은 필수.

※ 기차표 예매 사이트 https://www.thairailwayticket.com/

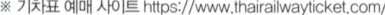

❸ **버스 :** 비행기나 기차에 비하면 버스편이 가장 저렴하지만, 방콕의 공항에서 치앙마이까지 바로 가는 버스는 없다. 방콕 북부터미널로 이동해 버스를 타든지 카오산로드의 여행사에서 카오산 → 치앙마이 티켓을 구입해 가는 방법도 있다. 보통 9~10시간 가량 걸리며 여행자들은 주로 야간 버스를 이용한다.

치앙마이 국제공항

태국 북부 도시를 대표하는 공항으로 타이항공, 대한항공, 에어아시아, 방콕항공 등 여러 항공사들이 취항한다. 인천국제공항을 비롯해 방콕의 돈므앙 국제공항, 수완나품 국제공항 등에서 항공편이 오간다. 치앙마이 시내를 기준으로 약 5km 서쪽으로 떨어져 있으며, 자동차로는 약 15분 거리.

주소 60 Mahidol Rd, Su Thep **전화** 053-922-100

• 입국 과정

❶ 입국장으로 이동

비행기 안에서 미리 입국 카드를 작성한 후 Arrival 사인 보드를 따라 가면 입국장이 나온다.

❷ 입국 심사

치앙마이 국제공항의 도착 게이트를 지나면 입국 심사대가 나온다. 노란색 제한선 밖에서 기다리다 차례가 되면 여권과 항공권, 출입국 카드를 제출한다.

❸ 수하물 찾기

입국 심사가 끝나면 수하물을 찾는다. 'Baggage Claim'이라는 표시를 따라가서 타고 온 항공편이 표시되어 있는 컨베이어 벨트에서 짐을 찾는다.

❹ 세관 통과

짐을 찾은 후 세관 신고대를 지나면 입국 절차는 끝난다.

• 출국 과정

❶ 탑승 수속

1층의 해당 항공사 체크인 카운터에서 여권과 항공권을 제출한 후 수하물을 부친다. 탑승권과 짐표를 받고, 탑승권에 적힌 게이트 번호와 탑승 시간을 확인한다.

❷ 국내선, 국제선으로 이동

2층 출국장으로 올라가면 오른쪽은 직항으로 나가는 국제선, 왼쪽으로는 방콕 등을 가는 국내선이 위치한다. 해당 터미널로 이동한다.

❸ 출국 심사

보안 검색대에 기내에 반입할 소지품과 신발까지 올려놓고 스캔 절차를 밟은 후, 출국 심사대 앞에서 차례를 기다려 출국 심사를 받는다. 모자나 선글라스를 벗어야 하며, 여권과 탑승권을 제시한다.

❹ 출발 게이트

출발 게이트로 이동해 비행기에 탑승한다.

Tip

공항에서 유심칩 구매하기

공항 내 통신사 부스에서 유심칩을 구매하면, 장착과 설정을 도와주어 편리하다. 2.5GB의 데이터와 음성, SMS 100B가 포함된 7DAY 서비스 유심칩의 가격은 299B이다.

Tip

공항에서 세금 환급받기

매장에서 작성한 텍스 리펀드 서류와 영수증을 지참하고, 공항 내 국제선 텍스 리펀드 부스에서 물건을 보여준 후 서류에 도장을 받는다. 그런 다음 출국장의 'VAT Refund'라고 적힌 부스를 찾아가 도장 찍은 서류와 여권을 보여주면 환급해준다.

02 Here is Chiang Mai 치앙마이 시내 교통

공항에서 시내로 가기

치앙마이 여행길 최대의 고민은 아마도 교통편일 것이다. 2017년 6월을 기점으로 우버 택시를 시작으로 썽태우, 툭툭에 이르기까지 교통 시스템에 대대적인 변화가 일고 있는 과도기라서 더욱 그렇다. 그 가운데 여행자들에게 가장 유용한 교통편 위주로 소개한다.

● 공항 택시

택시 미터 TAXI METER 부스를 찾아가 목적지를 말하면 날짜와 시간, 목적지와 금액이 적힌 대기표를 준다. 공항 바깥 쪽에서 대기 중인 일반 로컬 택시도 있는데 10바트 정도 저렴하다. 대기표를 들고 있다가 직원의 안내에 따라 택시를 타면 된다. 여행자의 대부분은 이 공항 택시를 이용한다. 시내 전 지역까지 보통 160바트.

● 시내버스(B2 노선 버스)

낮 시간에 공항에 도착한다면 공항 밖 주차장 건너편에서 시내버스 B2 타기를 시도해볼 수 있다. B2 버스를 타면 왓 프라씽과 타패 게이트를 거쳐 삥강을 지나 버스터미널에 도착한다. 요금은 15바트로 매우 저렴한 편이고 에어컨이 있어서 쾌적하다. 다만, 오후 6시가 막차인 데다 배차 간격이 30분~1시간가량이며, 목적지에서 내려주는 것이 아니라 초행길 여행자가 이용하기 쉽지 않은 편.

●썽태우

2인 이상이라면 택시가 편하지만 홀로 배낭여행자라면 썽태우도 시도해볼 만하다. 일단 공항 밖으로 나가 지나가는 썽태우를 잡는다. 보통 시내 중심까지 100바트 이상을 부르는데 흥정하기 나름이지만 40~60바트 정도에 시내까지 나간다면 훌륭하다.

치앙마이에서 돌아다니기

치앙마이 중심가의 웬만한 볼거리나 카페, 레스토랑은 걸어서 돌아볼 만하다. 하지만 목적지 간의 동선이 길거나 치앙마이 외곽 쪽으로 나가야 한다면 다른 교통수단을 생각해야 한다. 치앙마이는 방콕에 비해서도 교통이 썩 좋지 않을 뿐만 아니라 교통비 또한 비싼 편이다.

● 도보(구글맵)

동선을 잘 짠다면 치앙마이 시내의 스폿을 도보로 이동하여 둘러보는 데 큰 무리가 없다. 휴대폰에 구글맵을 다운받은 후 목적지를 검색하면 거리와 소요 시간, 루트를 비롯해 근처의 레스토랑이나 카페도 함께 보여준다. 여러 곳을 돌아봐야 한다면 '경유하기' 기능을 이용하면 동선을 한눈에 정리해준다.

● 그랩 택시

이제는 불법으로 규정된 우버 택시 대신 그랩 택시를 이용해야 한다. 휴대폰에 그랩 Grab 앱을 깔고 사용하면 되는데, 한국의 카카오 택시와 사용법이 비슷하다고 생각하면 된다. 콜비 50바트가 추가된다.

● 썽태우

작은 트럭을 개조한 썽태우는 한국의 시내버스와 같은 노선 시스템이 절대 부족한 치앙마이에서 가장 대중적인 교통수단이다. 원래는 지나가는 썽태우를 잡아 타는 시스템이었으나 앞으로는 휴대폰으로 호출하는 그랩 택시를 기반으로 한 썽태우 서비스인 'CM 택시'가 일반화될 예정라고 한다. 치앙마이 중심지인 링로드 2 지역을 중심으로 1인당 30바트를 넘지 못하며, 썽태우를 대절할 때도 최대 200바트를 초과해서는 안된다는 원칙이 생겼으나 현재까지는 별로 지켜지지 않는 분위기다.

● 툭툭

세 바퀴로 달리는 툭툭은 이국적인 교통수단으로 관광객들이 다른 대체 교통편이 없거나 호기심에 이용하곤 했다. 이 툭툭의 문제는 그동안 우버 택시나 썽태우에 밀려 고전을 면치 못했고 매연과 소음 문제가 심각했다는 점. 툭툭 역시 2018년까지 새롭게 전기로 충전되는 전기 툭툭 450대가 새로 도입되며, 요금은 기존과 비슷한 80~100바트 정도로 책정되었다.

● 바이크

안전하게 탈 수만 있다면 치앙마이를 가장 에너제틱하게 즐길 수 있는 교통수단이다. 치앙마이에서 바이크를 렌털해 이용하고 싶다면 한국 2종 소형 면허를 국제면허로 바꿔 가거나 대사관 공증을 거쳐 1종 보통 면허를 태국 면허로 전환하여 발급받아야 한다. 바이크숍에 따라 다르지만 보통 보증금으로 3000바트를 내거나 카드, 여권 등을 맡겨야 한다.

● 자전거

숙소에서 자전거를 빌려주기도 하는데 그렇지 않은 경우라면 길거리 숍에서 빌리는 방법도 있다. 자전거에 따라 다르지만 보통 24시간에 50~100바트 정도. 장기 여행자라면 치앙마이시에서 운영하는 공공자전거에도 관심을 두어볼 만하다.

※ 치앙마이시 공공자전거 http://bike-at.com/chiangmai

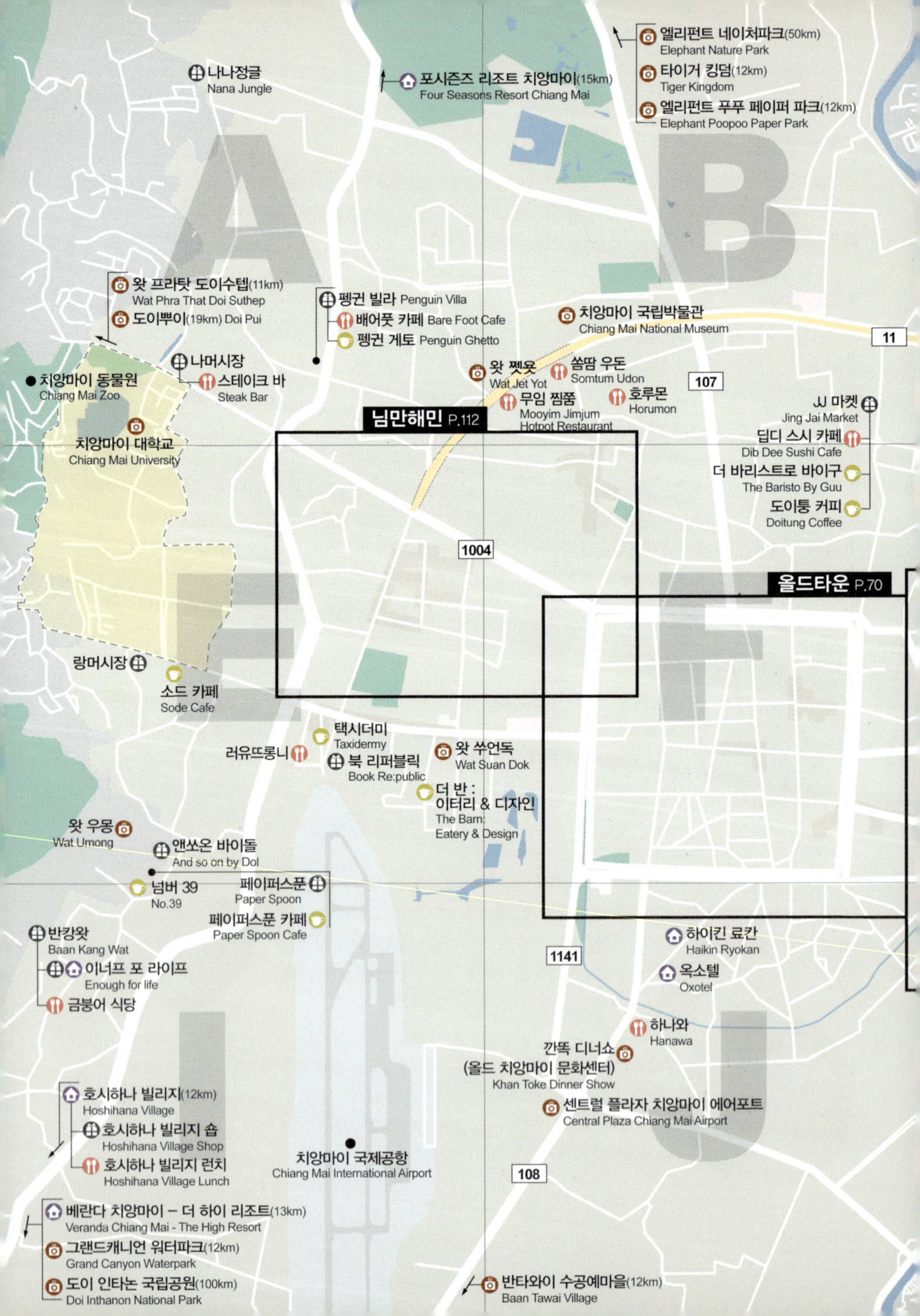

나나정글
Nana Jungle
포시즌즈 리조트 치앙마이(15km)
Four Seasons Resort Chiang Mai
엘리펀트 네이처파크(50km)
Elephant Nature Park
타이거 킹덤(12km)
Tiger Kingdom
엘리펀트 푸푸 페이퍼 파크(12km)
Elephant Poopoo Paper Park
A
B
왓 프라탓 도이수텝(11km)
Wat Phra That Doi Suthep
도이뿌이(19km) Doi Pui
펭귄 빌라 Penguin Villa
배어풋 카페 Bare Foot Cafe
펭귄 게토 Penguin Ghetto
치앙마이 국립박물관
Chiang Mai National Museum
11
나머시장
스테이크 바
Steak Bar
치앙마이 동물원
Chiang Mai Zoo
왓 쩻욧
Wat Jet Yot
쏨땀 우돈
Somtum Udon
107
무임 찜쭘
Mooyim Jimjum
Hotpot Restaurant
호루몬
Horumon
JJ 마켓
Jing Jai Market
님만해민 P.112
치앙마이 대학교
Chiang Mai University
딥디 스시 카페
Dib Dee Sushi Cafe
더 바리스트로 바이구
The Baristo By Guu
도이퉁 커피
Doitung Coffee
1004
올드타운 P.70
랑머시장
소드 카페
Sode Cafe
택시더미
Taxidermy
러유뜨롱니
북 리퍼블릭
Book Re:public
왓 쑤언독
Wat Suan Dok
더 반 :
이터리 & 디자인
The Barn:
Eatery & Design
왓 우몽
Wat Umong
앤쏘온 바이돌
And so on by Dol
넘버 39
No.39
페이퍼스푼
Paper Spoon
페이퍼스푼 카페
Paper Spoon Cafe
반캉왓
Baan Kang Wat
이너프 포 라이프
Enough for life
금붕어 식당
하이킨 료칸
Haikin Ryokan
1141
옥소텔
Oxotel
하나와
Hanawa
깐똑 디너쇼
(올드 치앙마이 문화센터)
Khan Toke Dinner Show
센트럴 플라자 치앙마이 에어포트
Central Plaza Chiang Mai Airport
호시하나 빌리지(12km)
Hoshihana Village
호시하나 빌리지 숍
Hoshihana Village Shop
호시하나 빌리지 런치
Hoshihana Village Lunch
치앙마이 국제공항
Chiang Mai International Airport
108
베란다 치앙마이 – 더 하이 리조트(13km)
Veranda Chiang Mai - The High Resort
그랜드캐니언 워터파크(12km)
Grand Canyon Waterpark
도이 인타논 국립공원(100km)
Doi Inthanon National Park
반타와이 수공예마을(12km)
Baan Tawai Village

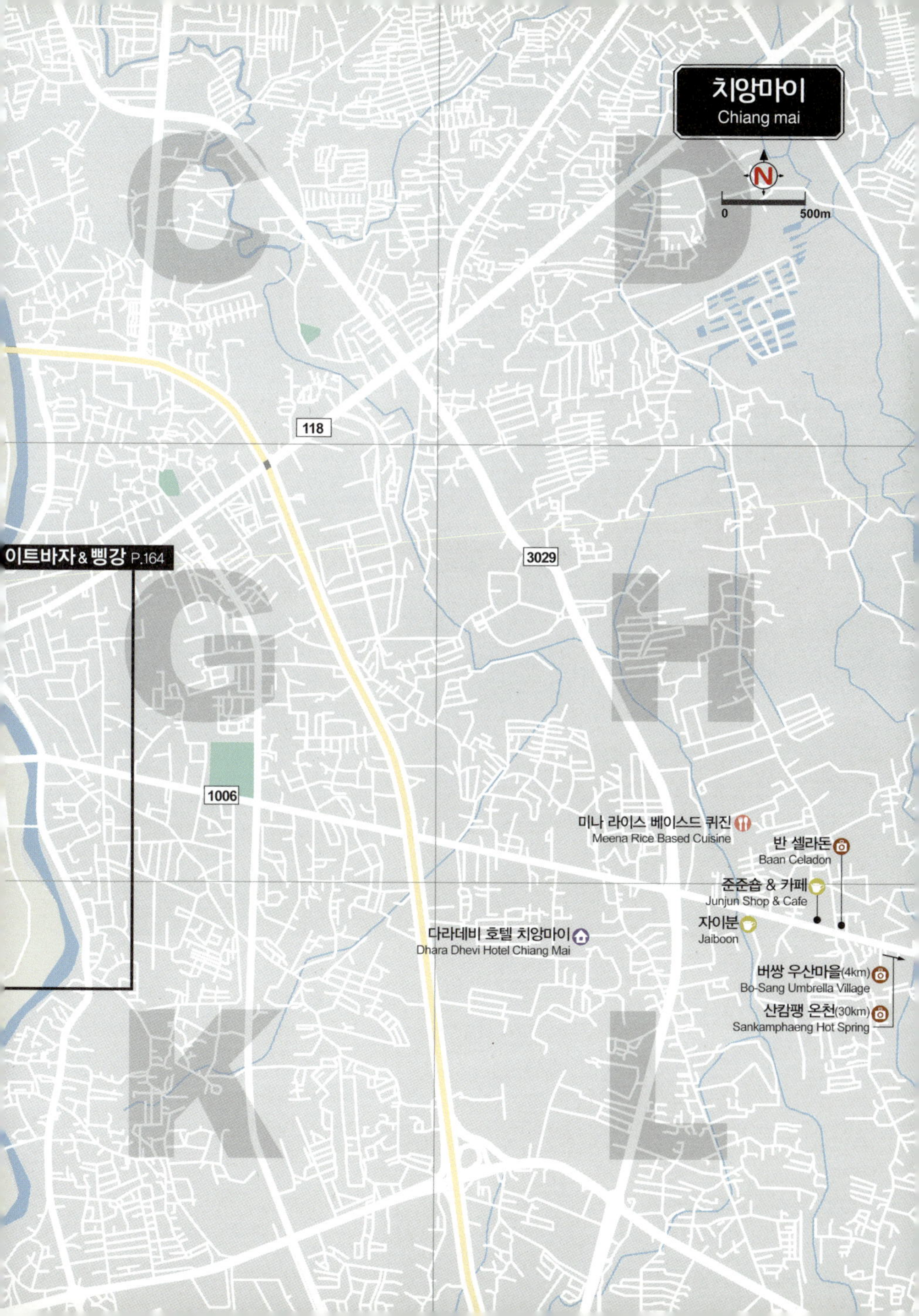

치앙마이
Chiang mai
N
0
500m
C
D
G
H
K
L
118
3029
1006
이트바자 & 삥강 P.164
미나 라이스 베이스드 퀴진
Meena Rice Based Cuisine
반 셀라돈
Baan Celadon
준준숍 & 카페
Junjun Shop & Cafe
자이분
Jaiboon
다라데비 호텔 치앙마이
Dhara Dhevi Hotel Chiang Mai
버쌍 우산마을(4km)
Bo-Sang Umbrella Village
산캄팽 온천(30km)
Sankamphaeng Hot Spring

Oldtown
올드타운

오래되고 정감 있는 네모 반듯한 구시가지

치앙마이 지도에서 유독 눈에 띄는, 성벽과 해자에 둘러싸인 네모 반듯한 구시가지가 바로 올드타운이다. 1296년 멩라이 왕이 치앙라이로부터 이곳으로 천도해 그 이름을 치앙마이, 즉 새로운 도시new city라 이름하였고 올드타운은 그 신도시의 중심부였다. 700여 년이 흐른 지금 외적의 침략을 방어하기 위해 쌓아 올린 성벽은 온전하지는 않지만 충분히 옛 모습을 짐작하게 해준다. 성 안은 물론 해자 바깥쪽으로 오래된 식당이나 가성비 좋은 숙소, 투어 프로그램으로 무장한 여행사 등이 촘촘하게 모여 있어 치앙마이의 '카오산 로드'라 할 만하다.

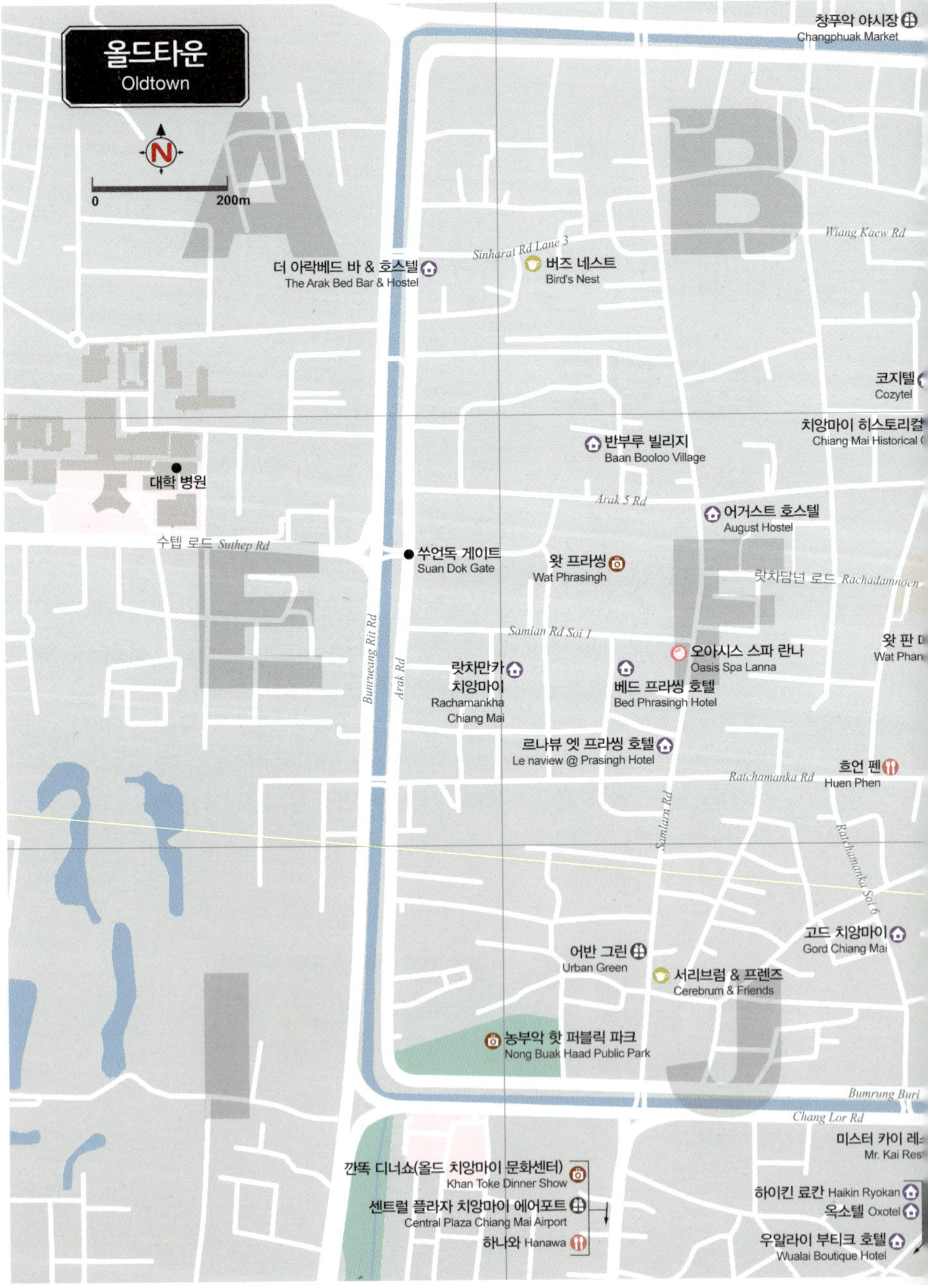

올드타운
Oldtown
N
0
200m
A
B
E
F
I
J
창푸악 야시장
Changphuak Market
Wiang Kaew Rd
Sinharat Rd Lane 3
더 아락베드 바 & 호스텔
The Arak Bed Bar & Hostel
버즈 네스트
Bird's Nest
코지텔
Cozytel
치앙마이 히스토리컬
Chiang Mai Historical
반부루 빌리지
Baan Booloo Village
대학 병원
Arak 5 Rd
어거스트 호스텔
August Hostel
수텝 로드 Suthep Rd
쑤언독 게이트
Suan Dok Gate
왓 프라씽
Wat Phrasingh
랏차담넌 로드 Rachadamnoen
Samian Rd Soi 1
Bumrueang Rit Rd
Arak Rd
오아시스 스파 란나
Oasis Spa Lanna
왓 판
Wat Phan
랏차만카
치앙마이
Rachamankha
Chiang Mai
베드 프라씽 호텔
Bed Phrasingh Hotel
르나뷰 엣 프라씽 호텔
Le naview @ Prasingh Hotel
흐언 펜
Huen Phen
Ratchamanka Rd
Samlarn Rd
Ratchamanka Soi 6
고드 치앙마이
Gord Chiang Mai
어반 그린
Urban Green
서리브럼 & 프렌즈
Cerebrum & Friends
농부악 핫 퍼블릭 파크
Nong Buak Haad Public Park
Bumrung Buri
Chang Lor Rd
미스터 카이 레
Mr. Kai Res
깐똑 디너쇼(올드 치앙마이 문화센터)
Khan Toke Dinner Show
센트럴 플라자 치앙마이 에어포트
Central Plaza Chiang Mai Airport
하나와 Hanawa
하이킨 료칸 Haikin Ryokan
옥소텔 Oxotel
우알라이 부티크 호텔
Wualai Boutique Hotel

Manee Nopparat Rd
Sri Poom Rd
Wichayanon Rd
Ratchapakhinai Rd
Ratvithi Rd
Rachadamnoen Rd
Prapokklao Rd
Mun Mueang Rd
Kotchasarn Rd
타패 로드 Tha Phae Rd
러이크로 로드 Loi Kroh Rd
Rat Chiang Saen Rd
Sridonchai Rd
C
D
G
H
K
L
더 하이드 아웃
The Hide Out
바이핸드 카페
By Hand Cafe- Artisan Pizza Lounge
쏨펫 마켓
Somphet Market
나나이로 Nanairo
쏨펫 마사지 Somphet Massage
치앙마이 시티 아트 & 문화센터
Chiang Mai City Art & Cultural Center
그래프 카페
Graph Cafe
아러이 디
Aroy Dee
삼왕상
Three Kings Monument
인디 스타일리시 게스트하우스
Yindee Stylish Guest House
엣 치앙마이 호텔
At Chiang Mai Hotel
지라 스파
Zira Spa
란나 포크라이프 뮤지엄
Lanna Folklife Museum
폰가네스 에스프레소
Ponganes Espresso
림라오 응어우 Lim-Lao-Ngow
싸앗 국수 Sa-ard Noodle
아모라 타패 호텔
Amora Tapae Hotel
타마린드 빌리지
Tamarind Village
카마라 커피
camara Coffee
무안 호스텔 Muan hostel
팜스토리 하우스
Farm Story House
럿롯
Lert Ros
무안 카페 & 레스토랑 Muan Cafe & Restaurant
게코 북스 Gekko Books
허브 베이직스 Herb Basics
선데이 마켓
Sunday Market
피스 Piece
유 치앙마이 호텔 U Chiang Mai Hotel
마사지 Khunka Massage
렛츠 릴랙스 스파 Let's Relax Spa
타패 게이트
Thapae Gate
왓 판 온
Wat Phan On
시파 국수
Blue Noodle Shop
디 루앙
Chedi Luang
람푸 하우스
Lamphu House
아룬라이
Aroon Rai
카페 드 탄 아오안
Cafe de Thaan Aoan
락미 버거
Rock Me Burger
더 심플리룸
The Simply Room
왓 쩻린
Wat Chedlin
클레이 스튜디오 커피 인 더 가든
Clay Studio Coffee in the Garden
세러데이 마켓(토요 시장)
Saturday Market
치앙마이 게이트
Chiang Mai Gate
마칠 커피
Ma-Chill Coffee
마이 게이트 마켓
ang Mai Gate Market
반 홈메이드 베이커리
Baan Homemade Bakery
약 게이트
ng Phuak Gate

SIGHTSEEING

왓 프라씽

Wat Phra Singh

1345년, 란나 캄푸 왕의 유해를 모시기 위해 그의 아들 파유 왕이 건립했다. 왓 프라씽이라는 사원의 이름은 우여곡절을 거쳐 치앙라이에서 '사자불 Phra Singh'을 옮겨와 모신 후 바꾼 이름이라 한다. 당당한 기상이 돋보이는 이 사자불은 검은 머리 위에 연꽃 봉오리를 얹고 있는데 대법전이 아닌 황금 쩨디 왼편에 위치한 아담한 규모의 위한 라이캄에 보존되어 있다. 쏭크란 축제 때는 불상 행렬에 등장하는데 치앙마이 주민들은 이 불상에 물을 뿌리며 부처님의 축복을 기원하곤 한다. 사자불의 뒤쪽에는 라이캄이라 부르는 아름다운 금박 무늬로 가득 장식되어 있고, 양쪽 벽은 란나 시대의 생활 양식이 벽화로 남아 있다.

지도 p.70-F
위치 쑤언독 게이트에서 도보 4분
주소 Si Phum
오픈 05:00~18:00
요금 20B

SIGHTSEEING

왓 쩨디 루앙

Wat Chedi Luang

'큰 불탑의 사원'이라는 이름처럼 압도적인 규모의 쩨디, 즉 불탑이 특징이다. 1401년 완공 당시에는 쩨디의 높이가 90m로 당시 란나 왕국에서 가장 높은 건축물이었다고 한다. 이 쩨디는 1545년에 발생했던 지진의 피해로 윗부분이 소실되어 현재는 유네스코의 지원을 받아 부분적으로 복구한 상태. 벽감 부분 60m 정도만 남아 있지만 그 웅장함을 잃지 않고 있다. 쩨디 앞엔 거대한 황동 불상이 자리하고 있고 사면의 감실로 향하는 계단 입구에는 나가 조각상이 위용을 뽐내고 있다. 대법전에는 8m에 달하는 본존불이 있고 와불을 모신 법당도 있다.

지도 p.71-G
위치 올드타운의 중심
주소 103 Road King Prajadhipok Phra Singh
오픈 06:00~18:00
요금 40B

SIGHTSEEING

왓 판 따오

Wat Phan Tao

치앙마이에 남아 있는 거의 유일한 란나 왕실 건축물로 1391년에 건립되었다. 눈부신 황금 쩨디와 화려한 금박으로 장식한 법당이 대부분인 치앙마이 사원 가운데 가장 마음이 차분해지는 곳이다. 금속이나 석재가 아닌 순수한 티크 목재로 지은 란나 양식의 대웅전과 란나 왕국의 상징인 공작새 장식 등 오랜 세월을 거치면서도 그 원형이 고스란히 보존된 아름다운 건축물로 꼽힌다.

지도 p.71-G
위치 올드타운의 중심, 왓 쩨디 루앙 옆
주소 Phra Pokklao Rd
오픈 07:00~17:00
요금 무료

SIGHTSEEING

왓 판 온

Wat Phan On

작지만 생활 속 치앙마이 사원의 역할을 엿볼 수 있는 16세기의 란나 사원이다. 이 사원이 특히 눈길을 끄는 것은 누구나 쉬어갈 수 있는 공원 같은 공간이라는 것. 그래서인지 금요일 저녁엔 작은 규모의 야시장이 열리고 선데이 마켓이 열릴 때면 사원의 안뜰이 푸드 코트가 되기도 한다. 평일에도 국수나 꼬치를 파는 노점들이 이곳에 차려져서 간단히 식사하는 현지인을 만날 수 있고 마사지도 받을 수 있다.

지도 p.71-G
위치 타패 게이트에서 랏차담넌 로드 따라 3분
주소 Si Phum
오픈 06:00~17:00
요금 무료

SIGHTSEEING

왓 쩻린

Wat Chedlin

16세기 사원인 왓 쩻린은 유명한 사원들에 치여서 존재감이 두드러지는 편은 아니지만 뜻밖의 아기자기한 재미가 있는 곳이다. 사원 마당의 이색적인 큰 석조 불상의 머리를 지나 안쪽의 작은 다리를 건너면 물고기들이 살고 있는 작은 연못이 나온다. 오가닉 차 한 잔을 마시며 쉬어갈 수 있는 카페가 있어 오다가다 들러 다리쉼을 하기 좋다.

지도 p.71-K
위치 치앙마이 게이트에서 3분
주소 6 Samlan Rd Soi 7, Thesaban Nakhon
오픈 04:00~18:00
요금 무료

SIGHTSEEING

타패 게이트

Thapae Gate

사각형 모양의 올드타운에 있는 4개의 메인 게이트 가운데 동쪽에 위치한 문이자 가장 중심이 되는 랜드마크. 타패 게이트 앞의 너른 광장은 평소에는 비둘기와 노닐며 한가로운 시간을 보내거나 포토존이 되기도 하지만 선데이 마켓이 열리거나 쏭크란 축제 때는 엄청난 인파로 가득 찬다. 타패 게이트 안쪽의 사원들과 오래된 맛집을 들르며 치앙마이 여행을 시작하기에도 좋다. 타패 게이트 안쪽이 세월의 더께가 묻은 고즈넉한 분위기라면, 그 바깥쪽은 맥도널드도 있는 모던하고 상업적인 분위기.

지도 p.71-H
위치 올드타운의 동쪽 입구

SIGHTSEEING

삼왕상

Three Kings Monument

13세기 왕의 복장을 한 세 나라의 왕을 함께 세운 동상으로 치앙마이 시티 아트 & 문화센터 옆에 위치해 있다. 치앙마이를 수도로 정하고 란나 왕국을 건설한 멩라이 왕이 가운데에 있고, 양쪽의 두 왕은 치앙마이 천도를 도운 파야오 왕국의 응암 무앙 왕과 수코타이 왕국의 람캄행 왕이다. 이 앞에서 기념 행사나 전통 공연이 열리고 동상 앞에서 향을 피우거나 기도를 올리며 왕들에게 존경을 표하는 현지인도 볼 수 있다.

지도 p.71-G
위치 치앙마이 시티 아트 & 문화센터 옆
주소 127/7 Prapokkloa Rd, Tambon Si Phum

SIGHTSEEING

치앙마이 시티 아트 & 문화센터

Chiang Mai City Art & Cultural Center

삼왕상 옆에 위치한 치앙마이 시티 아트 & 문화센터는 치앙마이를 비롯한 태국 북부 지역의 주 무대였던 과거 란나 왕국의 역사를 만날 수 있는 박물관이다. 주로 문화, 예술, 종교에 관한 여러 가지 연표 자료와 디오라마, 유물, 사진을 영어 해설과 함께 전시해두었다. 치앙마이 여행을 시작하기 전에 근처의 란나 포크라이프 뮤지엄, 치앙마이 히스토리컬 센터와 함께 들러보기를 권한다.

지도 p.71-G
위치 삼왕상 옆
주소 127/7 Prapokkloa Rd, Tambon Si Phum
오픈 08:30~17:00
휴무 월요일
요금 어른 90B, 어린이 40B (통합권 어른 180B, 어린이 80B)
전화 053-217-793
홈피 www.cmocity.com

SIGHTSEEING

란나 포크라이프 뮤지엄

Lanna Folklife Museum

고대 란나 사람들이 어떻게 살았는지 궁금하다면 란나 포크라이프 뮤지엄을 흥미롭게 감상할 수 있을 것이다. 총 13개의 전시관으로 나누어 1층에는 란나인들의 종교 의식과 불상, 벽화가, 2층에는 깐똑 밥상의 원형 등 의식주와 관련된 민속품들이 전시돼 있다. 전시물에 대한 설명이 태국어와 영어로만 되어 있어 아쉬운 점은 있지만 콘텐츠 자체가 이해하기 쉬운 편이다.

지도 p.71-G
위치 삼왕상 옆
주소 Ratvithi, Tambon Si Phum
오픈 08:30~17:00 **휴무** 월요일
요금 어른 90B, 어린이 40B(통합권 어른 180B, 어린이 80B)
전화 053-217-793
홈피 www.cmocity.com/Lanna

SIGHTSEEING

치앙마이 히스토리컬 센터

Chiang Mai Historical Centre

전시관 아래쪽에 있는 두 곳의 유적지를 포함해 16파트로 나누어 치앙마이의 역사를 전해주는 박물관이다. 멩라이 왕이 치앙마이를 세우기 전에 그곳에 살았던 루아 공동체, 멩라이 왕조, 미얀마에 지배를 당하고 해방을 맞는 과정을 거쳐 현재에 이르기까지의 유구한 치앙마이 역사를 일목요연하게 보여준다. 태국어와 영어에 익숙하지 않다면 좀 난해하게 느껴질 수도 있다.

지도 p.70-F
위치 치앙마이 시티 아트 & 문화센터 옆
주소 Jhaban Rd, Tambon Si Phum
오픈 08:30~17:00 **휴무** 월요일
요금 어른 90B, 어린이 40B(통합권 어른 180B, 어린이 80B)
전화 053-217-793
홈피 www.cmocity.com/history

SIGHTSEEING

농부악 핫 퍼블릭 파크

Nong Buak Haad Public Park

치앙마이 시내에서 만나는 가장 가까운 공원이다. 분수도 있고 조경도 훌륭해 러닝을 하거나 운동하는 서양인들을 많이 볼 수 있다. 카페도 있고 잔디밭에 누울 수 있는 돗자리도 매점에서 대여해주기에 간단한 간식을 준비해서 나들이 가기 좋다. 매년 2월에는 사흘간 40여 년 전통의 꽃 축제가 열려 공원 안팎이 꽃 대궐이 되곤 한다.

지도 p.70–I
위치 올드타운 내 남서쪽 모서리에 위치
주소 Bumrung Buro Rd

SIGHTSEEING

깐뚝 디너쇼(올드 치앙마이 문화센터)

Khan Toke Dinner Show

태국 민속 공연을 즐기며 태국 북부 스타일의 가정식 밥상인 깐뚝으로 저녁 식사를 하는 프로그램이다. 깐뚝 디너쇼는 올드 치앙마이 문화센터와 슈퍼 하이웨이 까르푸 근처의 쿰 깐뚝이 유명하다. 태국의 대표적인 전통춤인 손가락 댄스를 비롯해 소수 부족들의 춤과 악기 연주가 이어지고, 마지막에는 관객들과 함께 전통춤을 추며 막을 내린다. 관광객으로서 한 번쯤 경험해보면 좋은 쇼이긴 하지만 지루하다는 평도 있다. 어쨌거나 전통 공연과 북부 음식을 결합시켜 치앙마이 대표 관광 상품으로 만든 아이디어는 배울 만하다.

지도 p.66–J
위치 올드 치앙마이 문화센터
오픈 19:30~21:00
요금 1인 570B
전화 053–275–097
홈피 www.oldchiangmai.com

SHOPPING

선데이 마켓

Sunday Market

방콕에 짜뚜짝 시장이 있다면 치앙마이에는 선데이 마켓이 있다. 타패 게이트부터 왓 프라씽에 이르는 거리에서 매주 일요일 오후 5시경부터 11시까지 열린다. 고산족의 수공예품과 의류, 목공예품, 불상이나 코끼리 콘셉트의 그림과 인형, 에코백, 파우치 등 그 종류가 셀 수 없을 정도로 다양하고 저렴하다. 소시지, 떡, 생과일주스, 꼬치, 초밥 등 간식거리도 많고 거리 악사들의 공연이 흥을 돋운다. 해가 저물면 '앞사람의 뒤통수만 보고 걷다가 빠져나오기 힘들 정도로' 엄청난 인파가 몰려들기 때문에 아예 일찍 들르거나 늦은 밤에 찾는 편이 낫다.

지도 p.71-G
위치 타패 게이트부터 왓 프라씽까지 랏차담넌 로드
오픈 매주 일요일 17:00~23:00

SHOPPING

세러데이 마켓(토요 시장)

Saturday Market

선데이 마켓에 못지않게 매주 토요일 올드타운의 남쪽 치앙마이 게이트 건너편에서부터 장이 서는 세러데이 마켓(토요 시장)도 늘 북새통을 이룬다. 시장의 풍경도 선데이 마켓과 그다지 다르지 않다. 노점상들이 가지고 나오는 품목은 대체로 비슷하지만 선데이 마켓에서 보지 못했던 품목도 등장하곤 한다. 치앙마이에 왔다면 두 야시장 중 한 곳이라도 꼭 가보기를 권한다.

지도 p.71-K
위치 치앙마이 게이트 건너편에서 시작
오픈 17:00~23:00

SHOPPING

치앙마이 게이트 마켓

Chiang Mai Gate Market

현지인들의 생생한 삶의 현장을 보고 싶다면 새벽 6시쯤 치앙마이 게이트 마켓으로 가자. 국수를 삶고, 찰밥을 찌고, 돼지껍질을 튀기고…. 어둠이 가시지 않은 새벽에도 치앙마이 사람들의 아침을 준비하는 상인들의 손놀림이 분주하다. 탁발을 나온 승려들을 만날 수 있는데 치앙마이 사람들처럼 간단한 음식을 시주하며 소원을 빌어보는 것도 잊지 못할 추억이 된다.

지도 p.71–K
위치 올드타운의 남쪽 치앙마이 게이트 앞
오픈 04:30~12:00(아침 시장),
17:00~00:00(야시장)

SHOPPING

창푸악 야시장

Changphuak Night Market

창푸악 게이트 건너편의 창푸악 시장은 낮에 들르면 채소나 과일을 파는 현지인을 위한 평범한 재래시장이다. 하지만 어둠이 내리면 시장 앞이 불야성을 이룬다. 여기저기서 볶고 굽고 끓이는 포장마차들로 가득 차는데 그 가운데 유난히도 북적대는 노점이 있으니 바로 카우보이 모자를 쓴 미인 사장님의 족발덮밥집이다. '카오카무'라고 불리는 이 족발덮밥은 한약재를 넣고 푹 삶아내 야들야들한 족발을 찢어 밥과 함께 담아낸 음식. 반숙 달걀이 하나 딸려 나오는데 테이블에 있는 고추, 마늘, 배추절임과 소스를 뿌려서 함께 비벼 먹는다.

지도 p.70–B
위치 올드타운의 북쪽 창푸악 야시장
주소 232/20 Manee Nopparat Rd, Tambon Si Phum
오픈 17:00~02:00
요금 카오카무 30B

SHOPPING

쏨펫 마켓

Somphet Market

치앙마이 게이트 근처나 올드타운 내에 머물고 있다면 아침 식사 한 끼는 가까운 쏨펫 마켓에서 해결해 보는 게 어떨까. 규모는 그리 크다고 할 수는 없지만 과일, 채소를 비롯해 쏨땀이나 남픽 같은 태국식 반찬과 후식까지 웬만한 먹거리는 다 갖춰져 있다. 올드타운에 머무는 서양인들이 많이 이용하며, 쿠킹스쿨 팀도 이곳에 들러 태국 식재료를 공부하고 구입해 간다.

지도 p.71-D
위치 타패 게이트에서 도보 5분, 문므앙 로드
오픈 06:00~20:00

SHOPPING

피스

Piece

올드타운 해자 앞에 위치한 무안 호스텔은 숙소와 카페, 레스토랑 그리고 피스라는 이름의 숍으로 구성되어 있다. 입간판에 적힌 대로 치앙마이 사람들이 만든 핸드메이드 소품을 판매한다. 플레이 웍스의 에코백을 비롯하여 드림캐처, 도자기 그릇, 의류 등을 선보이는데 특히 무안 호스텔에 머물 때 수공예품을 구입하기 편리하다.

지도 p.71-H
위치 타패 게이트에서 도보 4분, 무안 호스텔 1층
주소 4/5 Chang Wat
전화 053-235-440

SHOPPING

센트럴 플라자 치앙마이 에어포트

Central Plaza Chiang Mai Airport

치앙마이 국제공항으로 가는 길에 위치해 있어서 항공편 시간이 애매하게 남았거나 귀국길에 들르기 편하다. 치앙마이 내의 다른 대형 몰과 비슷한 구색을 갖추고 있어서 구경하며 시간을 보내기에 좋다. 태국 북부 스타일의 제품들을 모아놓은 'Northern Village'와 4층 매장을 한 바퀴 도는 해피 트레인이 있어 독특하고 재밌다. 여행 중에 이곳에 가고 싶다면 시내 중심가의 호텔을 여러 곳 경유하는 무료 셔틀버스를 이용하면 편리하다.

지도 p.66-J
위치 치앙마이 국제공항에서 차로 2분(800m)
주소 Hai Ya
오픈 11:00~21:00
전화 053-999-199

SHOPPING

게코 북스

Gekko Books

장기 체류하는 서양인들이 유독 많아서인지 올드타운에는 중고 책을 판매하는 서점을 어렵지 않게 만날 수 있다. 타패 게이트에서 가까운 골목에 위치한 게코 북스와 바로 옆의 백스트리트 북스는 책을 좋아하는 이라면 한 번쯤 들러볼 만한 중고 서점이다. 대부분 영어책 위주라 구입에 목적을 두기보다 여행자 입장에서 이국적인 비주얼의 책이나 엽서, 지도 등에 눈길이 주는 것이 더 즐겁다.

지도 p.71-H
위치 타패 게이트에서 해자 바깥쪽으로 도보 4분
주소 2/6 Chang Moi Kao Rd
오픈 09:00~20:00
전화 053-874-066

SHOPPING

허브 베이직스

Herb Basics

롤리팝 사탕 모양의 비누, 프란지파니 향의 스프레이 향수, 립밤 등 탐나는 대로 고르다 보면 어느새 바구니에 가득 찬다. 태국 현지 브랜드인 허브 베이직스는 천연 재료로 만든 아로마 용품이나 홈스파 제품 전문점이다. 디자인도 훌륭하고 예쁘게 포장된 제품들이 고루 갖춰져 있는데, 가격 또한 중저가를 고수하고 있어 선물용으로 부담이 없다. 타패로드, 마야 쇼핑몰, 치앙마이 국제공항 등 여러 곳에서 만날 수 있다.

지도 p.71-G
주소 141/6 Rachadamnoen Rd, Tambon Si Phum(타패로드점)
오픈 월~토요일 09:00~18:00, 일요일 14:00~22:00
전화 053-041-8289
홈피 www.herbbasicschiangmai.com

SHOPPING

어반 그린

Urban Green

우연히 발견한 숨은 보석 같은 오가닉 & 내추럴 제품 가게. 유기농 치약과 모기 스프레이, 코코넛 오일로 만든 오가닉 비누, 에센셜 오일 등 건강한 생활용품이 매장을 가득 메우고 있다. 특히 요리에 관심이 있다면 말린 마늘, 생강, 양파, 히말라야 핑크 소금이나 유기농 곡식 등 안목 높은 주인이 엄선한 고퀄리티 식재료들이 지름신을 불러온다. 일반 마켓이나 숍에서는 만날 수 없는 내추럴 제품을 구입하고 싶다면 들러 보면 좋은 곳.

지도 p.70-J
위치 농부악 핫 퍼블릭 파크에서 도보 3분
주소 62/4 Samlaan Rd, Phra Singh
오픈 11:00~20:00
휴무 일요일
전화 099-635-5445

SHOPPING

나나이로

Nanairo

톡톡한 면직으로 만든 핸드메이드 의류와 세계 각국에서 골라온 이국적인 소품을 갖춘 셀렉트숍이다. 일본인 주인에게 '나나이로'라는 상호의 뜻을 물어보자 일본어로 '7가지 컬러'라는 뜻이고 그만큼 다양한 아이템을 갖추었다고 자신한다. 유니섹스 모드의 성인용과 아동 의류를 비롯해 모로코 신발 바부쉬, 베트남 모자 농라 등 개성이 돋보이는 소품을 구경하는 재미가 쏠쏠하다.

지도 p.71-C
위치 문므앙 로드 쏨펫 마사지 건너편
주소 20 Moonmuang soi 6, Muang Chiangmai
오픈 10:00~20:00
휴무 일요일

RESTAURANTS

흐언 펜

Huen Phen

치앙마이에서 태국 북부의 정통 요리를 잘하는 집으로 손꼽히는 맛집. 란나 스타일로 꾸민 이 식당은 런치와 디너 타임의 분위기가 사뭇 다르다. 북부 요리 전문점답게 카우쏘이나 카놈찐, 쏨땀, 커리 등을 비롯해 메뉴판에 무려 몇 페이지에 달하는 다양한 메뉴가 있다. 음식 맛은 기본적으로 맵고 짭짤하고 강렬해서 호불호가 갈리기도 하지만 역시 여기 음식이 최고였다는 이들이 많다. 디너 타임에는 최소한 1시간 이상 대기해야 하므로 문 열자마자 가서 맨 먼저 대기자 명단에 이름을 올리는 게 좋다.

지도 p.70-F
위치 왓 쩨디 루앙 후문에서 도보 3분
주소 122 Rachamankha Rd, Tambon Phra Sing
오픈 08:30~16:00(런치), 17:00~22:00(디너)
휴무 연중무휴
요금 흐언펜 스타일 프라이드치킨 85B, 치킨 커리 85B, 트러플 위드 코코넛밀크 35B
전화 053-277-103

RESTAURANTS

시파 국수

Blue Noodle Shop

시파 국수, 혹은 블루 누들숍으로 불린다. 커다란 솥에 온종일 끓는 고기 육수의 진한 국물은 약간 한약재 향이 난다. 면발의 굵기에 따라 쎈야이, 쎈렉, 쎈미 가운데 고를 수 있으며, 푹 삶아 부드러운 소고기가 든 국수가 가장 인기. 입가심으로 필수인 홈메이드 코코넛 아이스크림도 훌륭하다. 하겐다즈 아이스크림처럼 진하면서도 깔끔한 맛으로 땅콩을 한 컵 따로 내주어 부어 가면서 먹는다. 매번 갈 때마다 아이스크림을 주문하지 않을 수 없을 만큼 강한 중독성을 부른다.

지도 p.71-G
위치 왓 판 온 후문 앞
주소 99 Ratchapakhinai Rd, Tambon Si Phum
오픈 10:00~21:00
휴무 셋째 월 · 화요일
요금 소고기 국수 60~70B, 소고기 & 어묵 비빔면 60~70B, 코코넛 아이스크림 40B
전화 081-438-0058

RESTAURANTS

럿롯

Lert Ros

화덕의 석쇠 위에 놓인 두툼한 탈라피아와 돼지고기가 노릇노릇 익어간다. 맛을 보기도 전에 비주얼이 군침을 삼키게 하는 이 두 가지 음식은 럿롯의 대표 메뉴. 돼지 바비큐인 무양은 한국인들이 좋아하는 숯불 돼지갈비 맛으로 파채 대신 쏨땀을 곁들여 먹으면 잘 어울린다. 주위를 둘러보면 테이블마다 틸라피아 구이나 토기 속에서 바글바글 끓는 찜쭘을 먹고 있다. 로컬 식당답게 가격도 착하다.

지도 p.71-G
위치 타패 게이트에서 도보 2분
주소 Rachadumneon road. Soi 1 Thesaban Nakhon Chiang Mai
오픈 12:00~21:00
휴무 연중무휴
요금 무양 50B~, 생선구이 160B, 쏨땀 30~50B
전화 089-755-2233

RESTAURANTS

림라오 응어우

Lim-Lao-Ngow

1920년도에 방콕의 길거리에서 시작하여 현재 태국 내에서 7개의 체인점을 운영하는 오랜 맛집이다. 워낙 어묵이 탱글탱글해서 입에서 튀어 달아나지 않도록 조심하라는 주인의 말처럼 탱탱한 식감이 키포인트인 어묵국수가 대표 메뉴. 그밖에 비빔국수 종류인 똠얌 누들, 오징어를 넣은 옌타포, 완탕을 튀긴 크리스피 완톤도 맛있다.

지도 p.71-G
위치 삼왕상 맞은편
주소 Chang Moi Rd. Soi 2
오픈 08:30~15:30
휴무 연중무휴(10월경 2주가량 부정기 휴무)
요금 어묵국수 60B, 옌타포 60B, 크리스피 완톤 30B
전화 053-327-304

RESTAURANTS

싸앗 국수

Sa-ard Noodle

삼왕상 뒤편에는 오래된 로컬 식당들이 즐비한데 어묵국수로 유명한 30년 전통의 싸앗 국수도 그중 하나이다. 국물이 있는 국수와 국물 없는 비빔국수 스타일이 있는데, 어느 것이나 한국인들의 입맛에 잘 맞는다는 평이다. 입가심으로 코코넛 아이스크림에 콩이나 고구마 등을 달짝지근하게 조린 고명을 함께 얹은 타이 스타일 디저트를 추천한다.

지도 p.71-G
위치 치앙마이 히스토리컬 센터 건너편
주소 33-35, Tambon Si Phum
오픈 07:00~18:00
휴무 연중무휴
요금 어묵국수 40~50B, 어묵 한 접시 60B, 코코넛 아이스크림 30B
전화 053-213-807

RESTAURANTS

아러이 디

Aroy Dee

'No Spicy, No MSG, No Sugar'를 지향하는 아러이 디는 맛있다는 의미의 '아러이', 좋다는 의미의 '디'를 조합하여 가게 이름을 지었다고 한다. 태국의 강한 향신채를 빼고 센 불에 볶아 불향을 살린 볶음 요리는 중국 요리가 아닌가 싶을 정도로 누구에게나 무난한 맛이다. 양도 많은 편이고, 거의 모든 메뉴가 50바트 선으로 가격도 착하다.

지도 p.71-D
위치 쏨펫 마켓 입구 근처
주소 127/3 Mun Mueang Rd, Tambon Si Phum
오픈 08:30~11:30
휴무 일요일
요금 팟타이 50B, 치킨볶음밥 50B, 팟 팟붕 파이댕 50B
전화 093-171-5426

RESTAURANTS

미스터 카이 레스토랑

Mr. Kai Restaurant

트립어드바이저 음식점 부문에서 순위가 높은 식당이다. 몇 페이지에 달하는 메뉴판에서 짐작할 수 있듯 거의 모든 태국 음식을 맛볼 수 있다. 팟타이, 카우쏘이 등 일반적인 태국 음식을 비롯해 한국의 파김치를 떠올리게 하는 진한 젓갈 맛의 쏨땀도 맛있다. 주스를 주문하면 신선한 과일을 그대로 갈아주어 맛이 좋다. 특히 패션프루트 주스는 씨가 씹힐 정도로 거칠게 갈아 내는데 무척 새콤하므로 시럽을 첨가해 달라고 말하자.

지도 p.70-J
위치 치앙마이 게이트에서 도보 3분
주소 17/2 Chang Lor Rd
오픈 10:30~21:30
휴무 토요일
요금 팟타이 70B, 카우쏘이 70B, 쏨땀 70B, 음료 30~40B
전화 085-623-5338

RESTAURANTS

팜스토리 하우스

Farm Story House

치앙마이의 대표적인 쿠킹스쿨인 아시아시닉 쿠킹스쿨 골목에 위치하고 있다. 소박하고 작은 식당인데 직영 농장에서 수확한 유기농 쌀과 채소를 식재료로 하여 조리한다. 재료 본연의 맛을 살리면서 간을 약하게 하여 담백한 맛을 내기 때문에 호불호가 갈리기도 한다. 베지테리안 메뉴가 준비돼 있고 좌식, 입식, 바 등 다양한 테이블이 있다.

지도 p.71-G
위치 타패 게이트에서 도보 4분
주소 7 Ratchadamnoen Road Soi 5
오픈 08:00~19:00(주말 08:00 ~21:00)
휴무 수요일
요금 팜스토리 샐러드 55B, 오픈 샌드위치 105~120B, 오믈렛 110B
전화 081-629-1662

RESTAURANTS

바이핸드 카페

By Hand Cafe- Artisan Pizza Lounge

게스트하우스와 로컬 풍의 작은 가게가 많은 주택가에 자리하고 있는 바이핸드 카페는 수제 피자가 맛있는 집이다. 직접 피자 도우를 만들고 토핑하는 주방이 길가로 나와 있고, 바로 옆에서 이탈리아 스타일로 화덕에 피자를 바로바로 구워내기에 모든 과정을 지켜볼 수 있다. 이렇게 갓 구워진 피자 위에 리코타 치즈와 타이 바질을 듬뿍 얹어 내는데 그 맛이 기가 막히다. 피자는 테이크아웃해갈 수도 있으며, 저렴한 가격 또한 이 집이 손님들로 북적이는 이유다. 골목골목 누비느라 피곤한 다리를 잠시 쉬어가며 이 집에서 먹는 피자 한 판과 맥주 한 병에 충분히 행복해진다.

지도 p.71-C
위치 쏨펫 마켓에서 도보 4분
주소 Moon Muang Road Soi 7
오픈 10:00~23:00
휴무 연중무휴
요금 피자 195~335B, 맥주 90~100B

RESTAURANTS

하나와

Hanawa

올드 치앙마이 문화센터 입구에 위치한 일식 레스토랑이다. 셰프의 정성 어린 손길로 말아 내놓는 두툼한 스시는 신선한 재료와 정성이 느껴진다. 음식 맛도 좋고 직원들의 서비스도 좋은데, 이왕이면 셰프의 조리 과정을 눈앞에서 볼 수 있는 바 자리를 추천한다. 눈으로 먼저 먹는다는 일본 요리의 정수를 만나게 될 것이다. 이것저것 다양한 스시를 맛보고 싶다면 연어와 참치, 연어 샐러드와 미소 수프, 샐러드로 구성된 스시 세트를 주문해보자. 마음껏 먹을 수 있는 스시 뷔페가 아니라, 셰프의 정성이 깃든 정통 일본 요리를 즐기고 싶다면 추천할 만한 곳.

지도 p.66-J
위치 올드 치앙마이 문화센터 입구
주소 Hai Ya
오픈 10:00~22:00
휴무 연중무휴
요금 롤 275~430B, 스시 세트 295~820B, 덴뿌라 우동 180B
전화 052-000-1109

RESTAURANTS

락미 버거

Rock Me Burger

육즙 가득하고 우직한 진짜 버거를 맛볼 수 있는 버거 전문 레스토랑이다. 일단 식당 외부 길가에 패티를 굽는 주방을 두어 지나는 이들의 발길을 붙든다. 안으로 들어서면 오른쪽에 전설의 기타리스트로 불리는 지미 핸드릭스로 장식한 작은 무대가 있어 레스토랑의 오너가 락 마니아임을 짐작할 수 있다. 맛은 물론 양도 푸짐한 버거는 소고기를 투박하게 갈아 식감을 높였고, 함께 나오는 감자튀김도 맛있다. 버거의 꼭대기에는 과감하게 나이프를 꽂아 편리하게 잘라 먹을 수 있도록 했다. 우드 샐러드 볼에 담긴 샐러드는 싱싱한 채소와 소스가 적절히 조합되어 나무랄 데 없다. 대용량의 병에 담아 내는 음료수는 비주얼이나 양이 만족감을 준다.

지도 p.71–H
위치 타패 게이트에서 도보 6분, 러이크로 로드
주소 17–19 Loi Kroh Rd.Tambon Chang Khlan
오픈 11:00~23:30
휴무 연중무휴
요금 락미 오리지널 버거 160B, 시저 샐러드 129B, 음료수 65~75B
전화 089–852–8801
홈피 www.facebook.com/Rockmeburger

RESTAURANTS

아룬라이

Aroon Rai

태국 북부 요리를 전문으로 하는 60년 전통의 현지인 맛집이다. 오픈형 주방에 소박한 로컬 식당의 분위기로 북부 음식인 카우쏘이나 사이우아 소시지도 있고, 그린커리를 비롯한 북부식 커리와 튀긴 생선, 치킨 등이 먹음직스럽게 진열되어 있어 직접 보고 주문할 수 있다. 가정에서 직접 커리를 조리해 먹을 수 있도록 레시피를 포함한 커리 가루도 판매한다.

지도 p.71–H
위치 올드타운 해자 바깥쪽, 타패 게이트에서 도보 3분
주소 45 Th Kotchasan, E of Pratu Thapae
오픈 12:00~21:30
휴무 연중무휴
요금 타이치킨 그린커리 60B, 카우쏘이 50B, 사이우아 75B
전화 053–276–947

CAFE

반 홈메이드 베이커리

Baan Homemade Bakery

일본인이 운영하는 베이커리로 종류가 다양하지는 않지만 매일 갓 구워내는 빵 맛이 좋기로 소문난 곳이다. 서양인들 단골도 많고 쫄깃한 크루아상과 바게트, 그리고 담백한 소가 빵빵하게 든 단팥빵, 카레 크로켓 등이 인기 메뉴다. 베이커리 바깥쪽에도 테이블이 있어 갓 구워낸 빵에 커피를 곁들여 한 끼를 해결하기에 안성맞춤. 신선한 맛과 더불어 가격 또한 착한 편이라 주섬주섬 한 쟁반을 골라도 부담이 없다. 오후 5시에 문을 닫지만 빵이 떨어지면 바로 문을 닫으며, 원하는 빵을 고르려면 일찌감치 들르는 편이 좋다.

지도 p.71-K
위치 치앙마이 게이트에서 도보 3분
주소 Rat Chiang Saen Soi 1
오픈 08:00~17:00
휴무 일요일
요금 크루아상 18B, 단팥빵 18B, 카레 크로켓 25B

CAFE

버즈 네스트

Bird's Nest

오픈한 지 꽤 오래된 올드타운의 터줏대감 같은 카페로 요리책을 낸 바 있는 오너 셰프 야오가 운영한다. 여느 치앙마이 카페가 그렇듯 이곳도 음료와 더불어 식사를 겸할 수 있다. 전체적으로는 세련되기보다는 아늑한 느낌이라 그런지 조용하게 책을 읽거나 작업에 열중하고 있는 서양인들이 많다. 음식 맛은 무난한 편으로 근처에 숙소를 정했다면 아침 식사를 해결할 만하다.

지도 p.70-B
위치 쑤언독 게이트에서 도보 8분
오픈 08:30~22:00
요금 버즈네스트 브랙퍼스트 120B,
그릴드 치킨 샌드위치 160B, 음료수 55~60B
전화 089-693-3845

CAFE

더 하이드 아웃

The Hide Out

작은 규모에 딱히 눈에 띄는 인테리어도 아니지만 홈메이드 샌드위치가 맛있어서 특히 서양인들로 북적인다. 샌드위치를 주문할 때는 먼저 빵을 고른 후 다양한 샌드위치 메뉴 중에 선택하는데, 그중에서 바삭하고 촉촉한 바게트 안에 아보카도, 훈제연어, 양파, 상추, 크림치즈 등을 아낌없이 넣은 아보카도 샌드위치가 단연 압권이다. 원재료의 맛을 고스란히 유지하면서도 식감과 맛의 조화가 뛰어나다.

지도 p.71-D
위치 올드타운의 동북쪽 해자 바깥쪽
주소 95/10 Sithiwongse Rd
오픈 08:00~17:00
휴무 월요일
요금 샌드위치 75~130B, 커피 60~80B, 아이스 그린티 50B
전화 081-960-3889

CAFE

카페 드 탄 아오안

Cafe de Thaan Aoan

선데이 마켓과도 가깝고 왓 창 탬 사원 건너편이라 위치가 매우 좋다. 트립어드바이저에서 대체로 음식 맛이 좋고 직원들도 친절하다는 평을 얻고 있으나, 어떤 음식은 매우 짜고 특별히 맛있다고 할 수 없어 메뉴에 따라 간극이 큰 편이다. 브런치나 런치로 좋은 간단한 메뉴를 다양하게 갖추고 있으며 바나나 팬케이크가 인기 있는 편.

지도 p.71-G
위치 왓 쩨디 루앙에서 도보 3분
주소 154/5 Prapokklao Rd, Pra Singh
오픈 08:00~20:00
요금 바나나 팬케이크 75B, 베지 샌드위치 55B,
타이푸드 65~105B
전화 053-278-507

CAFE

클레이 스튜디오 커피 인 더 가든

Clay Studio Coffee in the Garden

초록빛이 무성한 식물과 세월의 더께가 내려앉은 테라코타 조각상이 마치 정글 속에서 만나는 오래된 유적지 같은 분위기를 풍긴다. 통창으로 이루어진 실내 카페도 있지만, 이 카페의 참맛은 나뭇잎 사이로 드는 햇살이 예쁜 자연 친화적인 야외 정원이다. 나무 그늘에 앉아 맛있는 브런치를 즐기며 여유롭게 시작하는 아침은 치앙마이 여행의 로망을 완성해준다. 스모키 향이 돋보이는 커피를 비롯해 망고나 아보카도를 얹은 오픈 샌드위치, 버터플라이피 꽃물로 지은 파란 밥을 곁들인 커리, 스파이시 프루트 샐러드 등의 메뉴 역시 만족도가 높은 편.

지도 p.71-K
위치 치앙마이 게이트에서 도보 3분
주소 36 Prapokkloa Rd, Tambon Phra Sing, Amphoe Muang Chiang Mai
오픈 08:00~18:00
휴무 월요일
요금 커피 45~70B, 티 65~80B, 프레시 코코넛 50B
전화 053-278-187
홈피 https://www.facebook.com/Clay-Studio-Coffee-In-The-Garden

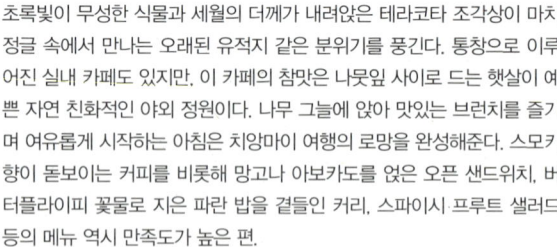

CAFE

그래프 카페

Graph Cafe

카페 안에 들어서면 두 번 놀란다. 처음엔 대여섯 명이 앉으면 꽉 차는 작은 규모에 놀라고, 그다음엔 커피 맛을 보고 놀란다. 작지만 강한 내공이 느껴지는 이유는 커피 한 잔에 담긴 그들의 노력과 열정 때문이다. 그래프만의 개성 강한 커피 맛을 위해서 도이창이나 프라오 등 먼 곳의 커피 농장에 직접 찾아가 커피 농부들과 유대감을 형성하고, 직접 로스팅도 한다. 커피 원두는 한 가지이지만 메뉴는 핫, 콜드, 콜드브루, 니트로 콜드브루, 필터, 시그니처 등으로 다양하게 내놓고 있다. 특히 이 카페에서 맛볼 수 있는 질소 커피인 니트로 콜드브루는 풍미와 부드러움이 압권. 후루룩 마시는 커피가 아닌 음미하면서 맛봐야 하는 그래프 카페는 한 번 들르면 잊을 수 없는 마력의 카페다.

지도 p.71-C
위치 타패 게이트에서 도보 5분
주소 Ratvithi Lane 1 Alley, Tambon Si Phum
오픈 09:00~17:00
요금 핫커피 70~100B, 아이스커피 90~110B, 니트로 콜드브루 120~130B
홈피 www.graphdream.com

CAFE

마칠 커피

Ma-Chill Coffee

올드타운 해자 바깥쪽의 창클란에 위치한 마칠 커피는 맛있는 커피 한 잔으로 오래오래 기억에 남는 곳이다. 이곳의 커피는 원목 특유의 따뜻한 감성이 느껴지는 카페 분위기를 닮았다. 좋은 원두를 아낌없이 사용하여 커피를 뽑은 만큼 분위기에 걸맞은 우직함이 엿보이는 맛. 그중에서도 누텔라와 에스프레소, 그리고 헤이즐넛 초콜릿이 맛의 정점을 찍는 마로치노 위드 헤이즐넛 크림을 추천한다.

지도 p.71-L
위치 올드타운의 남동쪽 해자 바깥쪽의 창클란
주소 11/11 Sri Donchai Rd, Changkhlan Chiang Mai
오픈 08:00~17:00
휴무 수요일
요금 리스트레토 50B, 마로치노 위드 헤이즐넛 크림 70B
전화 086-615-7689
홈피 www.facebook.com/Ma.chill.Chiangmai

CAFE

무안 카페 & 레스토랑

Muan Cafe & Restaurant

무안 호스텔 1층에 카페와 레스토랑이 나란히 붙어 있다. 카페는 대롱대롱 매달린 해먹에 앉아서 커피를 마실 수 있는 놀이터 같은 분위기로 아이들이 무척 좋아한다. 이런 콘셉트 하나만 보더라도 재미를 뜻하는 태국말인 '무안' 오너의 마인드를 엿볼 수 있을 듯하다. 카페 카운터 위에 수북이 쌓여 있는 생과일은 즉석에서 갈아주는 주스의 재료들. 태국 가정식 스타일의 일품 메뉴를 내놓는 바로 옆의 무안 레스토랑과 함께 부담 없이 이용할 수 있다.

지도 p.71-H
위치 타패 게이트에서 도보 4분
주소 4/5 Chaiyaphoom Rd, Aumpher Muang, Chiang Mai Chang Moi Muang
오픈 07:30~23:00
요금 샐러드 89~159B, 밥류 69~129B, 버거 · 샌드위치 89~129B
전화 053-235-440

CAFE

폰가네스 에스프레소

Ponganes Espresso

정통 호주 스타일의 커피를 지향하는 카페다. 주로 피베리 원두를 직접 로스팅하여 진하고 풍부한 맛과 향을 살리는 에스프레소에 큰 자부심을 가지고 있다. 아메리카노와 비슷하지만 만드는 방법이 약간 다른 롱블랙이나, 카페라테와 비슷해 보이지만 우유가 적게 들어가 더욱 진한 맛을 내는 플랫화이트 역시 호주 스타일이다. 커피에만 집중하라는 뜻으로 와이파이가 없음을 당당하게 내세우기도 한다. 좌석은 마땅치 않지만 커피 맛은 훌륭하다.

지도 p.71-G
위치 란나 포크라이프 뮤지엄에서 도보 2분
주소 133, 204/5 Ratchapakhinai Rd, Thesaban Nakhon
오픈 10:00~16:30
휴무 수요일
요금 블랙 60~75B, 화이트 75~80B, 콜드 75~125B
전화 087-727-2980
홈피 www.ponganesespresso.com

CAFE

파카마라 커피

Pacamara Coffee

엘살바도르가 산지인 파카마라종 원두를 의미하는 상호에서도 짐작되듯 이 카페에서는 태국 북부산 원두 외에도 에티오피아, 과테말라, 엘살바도르 등 세계 여러 나라의 커피 원두를 사용한다. 깔끔한 드립 커피도 맛있지만 커피 전문가라면 탐을 내는 시네소 에스프레소 머신으로 내린 에스프레소는 역시 기대를 저버리지 않는다. 자가 로스팅한 다양한 원두와 커피 기구도 판매한다.

지도 p.71-G
위치 왓 판 따오 건너편, 랏차담넌 로드
주소 141/6 Thonon Rachadamnoen Rd
오픈 07:00~20:00
요금 에스프레소 메뉴 50~75B,
라테 메뉴 55~75B
전화 053-327-324

CAFE

서리브럼 & 프렌즈

Cerebrum & Friends

박제를 콘셉트로 한 택시더미 같은 카페를 비롯해 치앙마이에는 직접 가보기 전에는 선뜻 그 오너의 취향을 짐작하기 어려운 카페들이 의외로 존재한다. 서리브럼 & 프렌즈 카페 역시 그렇다. '대뇌 Cerebrum'라는 뜻을 굳이 상호로 쓴 이유를 알 길이 없고, 카페 내부 역시 커다란 바퀴벌레 조형물, 앤틱 액자, 중세 시대를 연상시키는 소품, 붉은 벽돌과 고딕 성당의 분위기를 풍기는 고재 테이블 등 개성이 톡톡 튄다. 적당한 쌉쌀함을 유지하는 커피 맛도 좋다.

지도 p.70-J
위치 농부악 핫 퍼블릭 파크에서 도보 3분
주소 95 Samlarn Rd, Tambon Phra Sing
오픈 월~금요일 08:30~18:00(주말에는 21:00까지)
휴무 수요일
요금 샌드위치 85~96B, 샐러드 100~120B,
아이스 카푸치노 75B
홈피 www.facebook.com/cerebrumandfriends

SPA

오아시스 스파 란나

Oasis Spa Lanna

방콕, 파타야, 푸껫 등 태국 주요 도시에 지점을 가진 유명한 스파 브랜드로 치앙마이에는 올드타운과 님만해민을 비롯해 4개의 지점이 있다. 오아시스 스파 란나 올드타운점은 왓 프라씽 근처에 위치하고 있으며 고급스러운 북부 타이 스타일로 꾸민 전체적인 분위기가 인상적이다. 단순히 뭉친 근육을 푸는 마사지가 아니라 태국 전통 의학과 자연에서 추출한 약초를 결합한 트리트먼트를 지향한다. 고급 스파이니만큼 가격대가 있지만 그 이상의 만족감을 준다.

지도 p.70–F
위치 왓 프라씽 건너편
주소 4 Samlan Road, Prasing, Muang, Chiang Mai
오픈 10:00~22:00
요금 아로마 테라피 핫 오일 마사지(60분) 1350B, 퀸 오브 오아시스(120분) 3900B
전화 053–920–111
홈피 www.oasisspa.net

SPA

지라 스파

Zira Spa

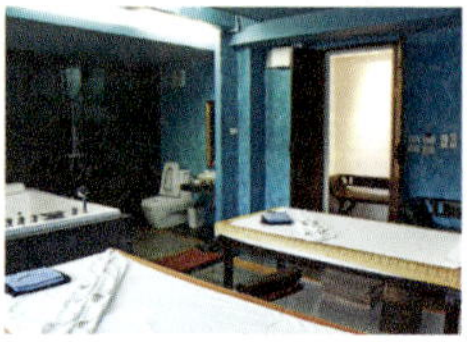

백작부인처럼 하얀 콜로니얼 건축 양식의 건물에 분수 뿜는 정원, 팔뚝만 한 잉어들이 우아하게 노니는 중정의 연못까지…. 지라 스파는 아마도 올드타운에서 가장 럭셔리한 마사지숍일 것이다. 비단 외관이나 터키시블루 컬러의 이국적인 룸뿐만 아니라 원하는 부위를 정확히 풀어주는 마사지와 친절한 스태프들의 서비스 덕에 높은 점수를 얻고 있다. 마사지를 시작하기 전에 마사지 취향과 원하는 부위, 지병 등을 사전 체크하여 개인별 맞춤 마사지를 해주기 때문에 자연히 만족도가 높다. 지라 스파에 들르고 싶다면 여러 가지 프로모션을 제공하는 페이스북을 참고하면 도움이 된다.

지도 p.71–G
위치 올드타운 내 북동쪽 쏨펫 마켓 건너편
주소 8/1 Ratvithi Rd, Sriphoom, Amphoe Muang Chiang Mai
오픈 10:00~22:00
요금 타이 마사지(60분) 1398B, 로얄타이 란나 마사지(90분) 2200B, 스크럽 마사지(60분) 600B, 타이 마사지(90분) 920B
전화 053–222–288
홈피 www.ziraspa.com

SPA

쿤카 마사지

Khunka Massage

치앙마이의 마사지 숍은 어찌 보면 복불복이라 자신에게 맞는 마사지사를 만나지 못한다면 큰 만족을 느끼지 못할 수도 있다. 하지만 한국인 오너가 운영하는 쿤카 마사지숍은 한국인들의 마사지 취향을 잘 파악하고 있는 게 가장 큰 장점. 실제로 한국인들이 원하는 것은 정통 타이 마사지는 아니라 한다. 어쨌거나 이곳은 평소 마사지 좀 받아본 한국인들에게 만족할 만한 마사지 테크닉을 지닌 마사지사가 많다는 점을 인정받고 있다. 기본적인 타이 마사지 외에 본격적으로 몸을 풀고 싶다면 풋 마사지와 타이 마사지, 어깨와 등을 포함해 2시간 동안 진행되는 전신 마사지를 추천한다.

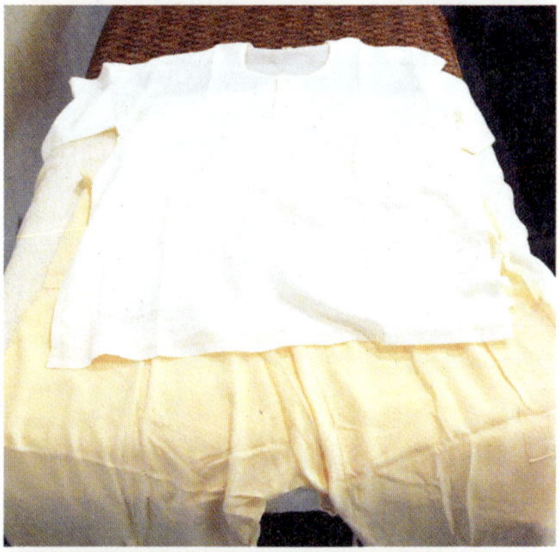

지도 p.71-G
위치 올드타운의 중심부, 랏차담넌 로드
주소 80/7 Rachadamnoen Road, Sri-Phum Subdistrict, Chiang Mai 50200
오픈 10:00~22:00
요금 타이 마사지(60분) 250B, 전신 마사지(120분) 590B
전화 053-327-186

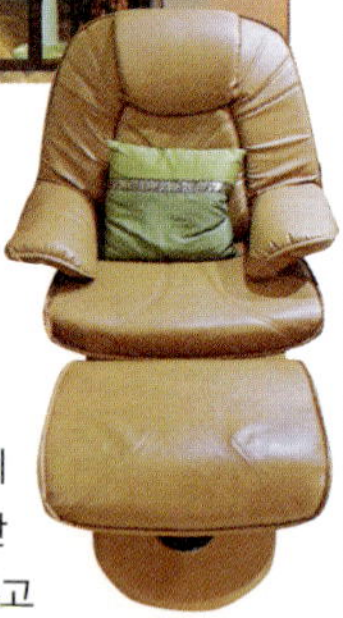

SPA

쏨펫 마사지

Somphet Massage

쿤카 마사지와 더불어 한국인들에게 평이 좋은 곳으로 쏨펫 마켓 안쪽에 위치한다. 골목을 사이에 두고 마주 보는 세 곳의 숍을 운영하고 있는데 특별히 시설이 럭셔리하지는 않지만 깔끔하고 쾌적하다. 자격증을 보유한 마사지사들이 일하며, 정부 기관에서 인증받았음을 알리는 스티커가 붙어 있다. 꼼꼼하게 숍을 관리하는 오너의 일사불란한 지휘가 돋보이며, 저렴한 가격에 가성비 좋은 마사지숍으로 소문이 나 있기에 믿고 이용할 만하다.

지도 p.71–C
위치 쏨펫 마켓 안쪽
주소 Sriphum Rd, Soi 6, Sriphum Subdistrict
오픈 10:00~22:00
요금 타이 전통마사지(60분) 200B, (180분) 커플 500B
전화 081–472–5082

SPA

렛츠 릴랙스 스파

Let's Relax Spa

고급 스파 그룹으로 유명한 블루밍 스파에서 운영하는 태국에서 유명한 스파숍이다. 중후한 노란색의 독특한 건물 안에는 스파숍과 디 비스트로 다이닝 카페, 그리고 블루밍 스파 제품 숍이 함께 있다. 랏차담넌 길가에 위치해 있지만 마사지 룸 안은 매우 조용하고 깔끔하다. 스태프들도 친절하고, 기본적인 타이 마사지나 발 마사지와 함께 고급 패키지 프로그램을 갖추고 있어서 선택의 폭이 넓다. 나이트바자 맥도널드 2층에는 렛츠 릴랙스 스파 본점이 있다.

지도 p.71–G
위치 타패 게이트에서 도보 5분, 랏차담넌 로드
주소 97/2–5 Rachadamnoen Rd, T.Phra Singh, Muang Chiang Mai
오픈 10:00~24:00
요금 타이 마사지(60분) 600B, 발 마사지(45분) 450B
전화 052–087–335
홈피 www.letsrelaxspa.com

STAYING

타마린드 빌리지

Tamarind Village

란나 스타일의 고풍스럽고 우아한 호텔. 올드타운 한복판에 위치해 있지만 커다란 타마린드 나무가 있는 호텔 안으로 들어서면 외부의 번잡함이 거짓말처럼 느껴질 만큼 조용하다. 햇살이 잘 드는 풀 사이드에 조식은 물론 식사할 수 있는 레스토랑도 있다. 잔디가 깔린 평화로운 분위기의 정원에서는 애프터눈 티를 마시거나 간단한 팔 마사지를 받을 수 있는 이벤트가 열리기도 한다. 스탠더드룸이라 할 수 있는 란나룸과 테라스가 딸린 레벨 업된 객실이 있는데, 전체적으로 룸은 약간 작은 편이다. 호텔 바로 앞에서 선데이 마켓이 서기 때문에 매우 편리하게 쇼핑할 수 있고, 왓 쩨디 루앙이나 타패 게이트까지 걸어서 몇 분 거리라 올드타운에서도 매우 좋은 위치다. 다만, 한여름에 모기가 많은 편이라 미리 모기에 대비할 수 있게 준비해가면 좋을 듯하다.

지도 p.71-G
위치 타패 게이트에서 도보 4분, 랏차담넌 로드
주소 50/1 Rajdamnoen Rd, Si Phum
요금 란나 4400B, 란나 디럭스 5700B(비수기 주말 기준, 조식 포함)
전화 053-418-896
홈피 www.tamarindvillage.com

STAYING

반부루 빌리지

Baan Booloo Village

80여 년 된 오래된 전통 타이 목조 저택을 구입해 올드 란나 스타일 호텔로 리모델링했다. 좁은 골목을 마주 보고 신관과 구관이 있는데, 구관은 특히 입구의 문부터 안쪽의 불상 부조에 이르기까지 박물관에서나 봤음직 한 오래된 유물로 꾸며져 있다. 편리하다기보다는 1층은 기둥, 2층은 집 형태인 북부 태국의 전통 가옥에서 이국적인 하룻밤을 보낸다는 기분으로 묵으면 추억이 될 것이다. 신비한 느낌이 가득한 터키시블루 컬러의 장식품과 나무로 둘러싸인 신관은 구관과 또 다른 느낌. 특히 연못을 마주 보고 놓여 있는 프런트 데스크의 소파에 앉아 있노라면 수백 년 전으로 거슬러 올라간 듯한 묘한 기분이 든다. 왓 프라씽에서 가깝고 타이 스타일을 흠모하는 서양인들이 주된 고객이다.

지도 p.70-F
위치 왓 프라씽에서 도보 3분
주소 Soi 3Kor Intawaroroj 3 Rd Sriphum, Tambon Si Phum
요금 빌라 러스틱 트리하우스 5780B, 란나 스타일룸 5880B
(비수기 주말 기준, 조식 포함)
전화 087-936-8268
홈피 www.Baanbooloo.com

STAYING

르나뷰 엣 프라씽 호텔

Le naview @ Prasingh Hotel

2015년 겨울에 오픈한 깔끔한 호텔로 한국 여행자들 사이에서 평이 좋은 편이다. 깨끗하게 관리된 객실과 호텔 레스토랑에서 제공하는 조식도 훌륭하다. 다만 수영장이 작은 것이 아쉽다. 공항에서도 가깝고 왓 프라씽과 왓 쩨디 루앙 같은 유명 관광지와도 가깝다. 선데이 마켓도 걸어서 5분 거리로 올드타운에서 짐을 풀고 관광지를 둘러보기에 좋은 위치.

지도 p.70-F
위치 치앙마이 우체국 건너편
주소 12 Samlan Rd, Tambon Prasingh
요금 디럭스 킹베드 1270B, 미니 스위트 2000B(비수기 주말 기준)
전화 052-087-686
홈피 http://lenaview.com

STAYING

아모라 타패 호텔

Amora Tapae Hotel

치앙마이를 소개한 TV 프로그램 〈배틀 트립〉에서 출연진들이 묵었다고 알려진 가성비 좋은 4성급 호텔. 치앙마이 시내 중심지인 타패 게이트와 가까운 좋은 위치에 있다. 호텔 객실에서 해자와 분수가 보이기에 아름다운 올드시티의 야경을 감상할 수 있다. 객실은 약간 낡은 감이 있지만 깔끔하게 관리되어 룸 컨디션은 대체로 좋은 편이다. 유아풀이 있고 레스토랑에서 뷔페식 조식이 제공된다.

지도 p.71-H
위치 올드타운 해자 바깥쪽, 타패 게이트에서 도보 5분
주소 22 Chaiyapoom Rd
요금 그랜드 수페리어 1500B, 디럭스 1600B (비수기 주말 기준, 조식 포함)
전화 053-251-531
홈피 www.amora-tapae.hotelschiangmai.net

STAYING

랏차만카 치앙마이

Rachamankha Chiang Mai

한국인보다는 서양인들이 선호하는 호텔로 조용하고 매우 격조 있는 분위기다. 규모와 편의성을 넘어선 다른 차원의 품격이 느껴진다. 알고 보면 이곳은 개인이 소유한 부티크 호텔 가운데 디자인이 뛰어나고 잘 가꾸었는지를 선별해 특별한 엠블럼을 부여하는 '시크릿 리트릿츠(Secret-Retreats)' 멤버 호텔이다. 중국에서 들여온 고가구로 꾸민 객실과 곳곳에서 만나는 란나 스타일의 조형물이 오너의 안목을 보여준다. 특히 2003년에 마련했다는 영국풍 서재는 온종일 박혀서 책을 읽고 싶어질 정도로 느낌이 너무 좋다. 잘 가꾼 야외 정원과 실내에 레스토랑이 있고 조식도 훌륭한 편. 다만, 아이를 동반한 가족 단위는 예약을 받지 않는다.

지도 p.70-F
위치 쑤언독 게이트에서 도보 5분
주소 6 Ratchamanka 9 Alley, Tambon Si Phum
요금 수페리어 4800B, 디럭스 6700B
(비수기 주말 기준, 조식 포함)
전화 053-904-111
홈피 www.rachamankha.com

STAYING

베드 프라씽 호텔

Bed Phrasingh Hotel

님만해민의 '베드 님만'을 운영하는 호텔 오너가 올드타운에서 '베드 치앙마이 게이트'와 함께 운영하는 호텔이다. 치앙마이에서 '베드'라는 이름으로 시작되는 호텔이라면 대부분 디자인 감각을 잘 살린 트렌디한 호텔로 봐도 무방하다. 위치나 룸 컨디션, 스태프들의 서비스, 프리 워터 서비스 등은 나무랄 데 없으나 전력이 약해 가끔 엘리베이터가 멈추기도 한다는 평이 있다.

지도 p.70-F
위치 쑤언독 게이트에서 도보 6분
주소 Samlan Rd. Soi 1. Tambon Phra Singh
요금 스탠더드 2200B(비수기 주말 기준, 조식 포함)
전화 053-271-009
홈피 www.bed.co.th

STAYING

엣 치앙마이 호텔

At Chiang Mai Hotel

란나 스타일 조형물과 싱그러운 식물로 장식해 호텔 입구를 아기자기하게 꾸몄다. 삼왕상 근처에 위치해 있어 올드타운 내의 웬만한 관광지는 걸어서 돌아보기 좋다. 도롯가에 있지만 약간 안쪽으로 들어가 있어서 조용한 편이고 조식이 제공되는 레스토랑과 카페도 무난하다. 수영장과 피트니스 센터 등의 부대시설과 직원들의 서비스도 좋다. 전체적으로 젊은 층보다는 연령대가 있는 층에 알맞은 분위기.

지도 p.71-G
위치 란나 포크라이프 뮤지엄에서 도보 2분
주소 77/1 Rajvithi Rd, Sripoom, Old City, Chiang Mai
요금 디럭스 2400B, 프리미엄 3300B
(비수기 주말 기준, 조식 포함)
전화 053-226-608
홈피 www.atchiangmaihotel.com

STAYING

유 치앙마이 호텔

U Chiang Mai Hotel

ㄷ자 구조로 수영장을 감싸고 있는 3층 건물로 전통 태국 스타일 건축 양식을 모던하게 해석한 인테리어가 돋보인다. 올드타운의 중심인 삼왕상 근처에 위치하고 있어서 호텔 바로 앞에서 열리는 선데이 마켓 쇼핑 시에도 매우 편리하다. 객실은 아담하고 깔끔하며 수영장이 세 군데에 있다. 특히 수영장으로 바로 통하는 풀 액세스룸 이용이 편리하다. 올드타운 맛집으로 통하는 오래된 식당들이 가까이에 있어 식사하기에도 좋다.

지도 p.71-G
위치 왓 판 따오에서 북쪽으로 도보 2분, 올드타운의 중앙
요금 수페리어 5600B, 디럭스 6800B
(비수기 주말 기준, 조식 포함)
전화 053-327-000
홈피 www.facebook.com/uchiangmai

STAYING

고드 치앙마이

Gord Chiang Mai

감각적인 디자인과 인테리어로 꾸민 부티크 호텔이다. 심플하고 깔끔한 객실과 욕실은 가격 대비 넓은 편이다. 초록 식물로 꾸민 정원에는 잉어 연못이 있다. 커피와 티가 무료로 제공되며 조식은 서양식과 태국식 등 네 가지 중에서 선택할 수 있다. 걸어서 10분 거리에 선데이 마켓이 있고 무료로 자전거를 대여할 수 있다. 작은 골목에 위치해 있는데 때로는 아침 소음이 거슬릴 수도 있다는 점을 감안하자. 엘리베이터가 따로 없으므로 짐이 많다면 저층으로 예약하자.

지도 p.70-J
위치 치앙마이 게이트에서 도보 7분
주소 Phra Sing
요금 수페리어 1500B, 주니어 스위트 2200B
(비수기 주말 기준, 조식 포함)
전화 053-280-053
홈피 http://gordchiangmai.com

STAYING

람푸 하우스

Lamphu House

타패 게이트와 선데이 마켓이 가까워 접근성이 좋은 편이다. 로비가 있는 1층에는 유료(1인 100바트)로 먹을 수 있는 조식 공간이 있고, 자전거 역시 유료(60바트)로 빌려준다. 무엇보다도 객실 요금이 저렴한 편이라 인기가 좋은데 엘리베이터가 없기 때문에 트렁크가 무겁다면 오르내리는 일이 번거로울 수도 있다. 객실 크기나 컨디션은 무난한 편이고 수영장이 있으며, 예약은 오로지 람푸 하우스 웹사이트에서만 가능하다.

지도 p.71-G
위치 왓 판 따오에서 동쪽으로 도보 2분
주소 No. 1 Soi 9 Phrapokklao Rd, Phrasingh, Muang,
요금 스탠더드룸 890B(비수기 주말 기준)
전화 053-274-965
홈피 http://lamphuhousechiangmai.com

STAYING

더 심플리룸

The Simply Room

올드타운 대로변인 왓 쩻린 사원 건너편에 위치해 있다. 빈티지와 인더스트리 스타일을 적절히 섞은 인테리어로 꾸몄다. 화이트 베이스에 블랙으로 포인트를 준 객실 내부는 깔끔하다. 1층 카페는 전면이 유리로 되어 있어서 개방감이 돋보인다. 간단한 조식을 제공하며 객실료도 저렴한 편이다. 2인실을 선택하더라도 화장실이 붙어 있는 방도 있고 따로 떨어져 있는 방도 있으니 감안할 것. 엘리베이터가 없다.

지도 p.71-K
위치 왓 쩻린 건너편
주소 88/2-3 Phrapokklao Road, Phra Singh
요금 수페리어 895B, 디럭스 더블 925B
(비수기 주말 기준, 조식 포함)
전화 053-278-489
홈피 www.facebook.com/The-simply-room

STAYING

우알라이 부티크 호텔

Wualai Boutique Hotel

화이트 컬러의 외관이 깔끔한 인상을 주는 우알라이 부티크 호텔은 태국 북부 스타일의 은 세공품으로 유명한 우알라이 거리에 위치해 있고 세러데이 마켓(토요 시장)과도 가깝다. 한국인 여행자들 사이에서 널리 알려져 있지는 않지만 테라스가 딸린 객실과 욕실이 넓은 편이고, 약간 오래된 느낌은 있지만 룸 컨디션도 좋은 편이다. 차를 마시거나 빨래를 말리기 좋은 테라스는 생각 이상으로 편리하다. 대형 체인 호텔처럼 엘리베이터나 피트니스룸은 없지만 객실 크기나 편의성에서 가격 대비 높은 점수를 주고 싶다. 길가에 위치해 있지만 조용한 편이고, 자전거도 무료로 대여해준다. 이 호텔 옆에 중국 관광객들이 많이 이용하는 새로 지은 아이 우알라이 호텔이 따로 있다. 예약은 자체 홈페이지에서 하면 된다.

지도 p.70-J
위치 우알라이 로드 길가에 위치
주소 86 Wualai Rd, T.Haiya
요금 수페리어 2100B, 디럭스 2800B(비수기 주말 기준)
전화 053-285-285
홈피 www.wualaiboutiquehotel.com

STAYING

하이킨 료칸

Haikin Ryokan

최근 중국에서 일본식 목욕탕의 인기가 높아지고 있다고 한다. 치앙마이에도 중국인 여행자들이 늘고 있는데 하이킨 료칸은 일본인은 물론 중국인 관광객을 겨냥한 일본 료칸 스타일 콘셉트의 숙소로 인기를 끌고 있다. 따뜻한 느낌의 나무를 베이스로 한 정갈한 느낌의 일본풍 인테리어로 숙소 전체를 꾸몄다. 특히 낮은 나무 의자를 둔 일본의 대중탕은 치앙마이의 여느 호텔들과 확실히 차별화된다. 일본 요리도 제공한다.

지도 p.66-J
위치 세러데이 마켓(토요 시장)이 열리는 우알라이 로드
주소 142-144 Wualai Rd, Haiya
요금 수페리어 퀸 1800B, 디럭스 킹 2000B
(비수기 주말 기준, 조식 포함)
전화 081-996-6305
홈피 www.facebook.com/HaikinRyokan

STAYING

옥소텔

Oxotel

은 세공 장인의 거리인 우알라이에 위치해 있는 옥소텔은 스스로 '5성급 호스텔'이라고 자부하는 개성 있는 숙소다. 70년대의 낡은 건물에 티크 고재와 철재를 사용해 리모델링해서 매우 시크한 느낌을 준다. 공용 욕실을 사용하는 객실 외에도 욕실이 딸린 카라반과 6베드 도미토리 등 다양한 객실이 있으며 1층에는 커피와 디저트가 맛있는 아티산 카페 분점이 있다.

지도 p.66-J
위치 우알라이 로드
주소 149-153 Wua Lai Rd
요금 스탠더드 1200B, 디럭스 더블 1700B
(비수기 주말 기준, 조식 포함)
전화 052-085-334
홈피 www.oxotelchiangmai.com

STAYING

코지텔

Cozytel

선데이 마켓에 들르기 좋은 위치로 약간 안쪽에 위치해 있어서 조용한 편이다. 친절한 스태프들과 잘 터지는 와이파이, 약간 좁은 듯하지만 아늑하게 느껴지는 객실이 코지텔의 선호도를 높인다. 무엇보다 작은 호텔이지만 엘리베이터가 있는 것도 점수를 줄 만하다. 대형 체인 호텔에서는 느낄 수 없는 정감이 있고 크게 부족한 것 없는, 작은 호텔 본연의 정체성에 충실한 숙소이다.

지도 p.70-B
위치 치앙마이 히스토리컬 센터에서 북쪽으로 도보 4분
주소 23/1 Jhaban Rd, Sriphum
요금 스탠더드 1200B(비수기 주말 기준)
전화 053-327-099
홈피 www.cozytelchiangmai.com

STAYING

인디 스타일리시 게스트하우스

Yindee Stylish Guest House

장기 체류 중인 서양인 여행자들이 유난히도 눈에 띄는 올드타운의 골목에 살짝 숨어 있다. 세련미 넘치는 님만해민의 숙소에 비하면 대체로 올드타운의 숙소들은 오래되고 정감 있는 분위기. 이 숙소도 그런 대표적인 게스트하우스이다. 들어가는 입구가 골목길에서 살짝 빠져 안쪽에 위치해 있어서 비밀스러운 아지트 느낌이 난다. 시설이나 서비스가 완벽하지는 않지만 초록 잎이 무성한 정원이나 신비스러운 느낌이 감도는 로비도 마음을 끈다.

지도 p.71-C
위치 쏨펫 마켓에서 도보 3분
주소 15 Soi Rd. Ratvithi 2, Sri Phum, Amphoe Mueang Chiang Mai
요금 스탠더드 985B, 디럭스 1940B(비수기 주말 기준)
전화 053-418-585
홈피 yindee-guesthouse-chiangmai.com

STAYING

더 아락베드 바 & 호스텔

The Arak Bed Bar & Hostel

올드타운 서쪽의 쑤언독 게이트에서 도보로 5분 정도의 거리로, 올드타운에 붙어 있지만 님만해민에서 더욱 가깝게 느껴지는 위치다. 계단을 올라가면 프런트 데스크가 있고 객실은 3층에 있다. 약간 좁은 듯한 객실이지만 문 밖에 바깥 풍경을 내려다볼 수 있는 데크가 있다. 객실은 욕실이 딸리거나 공용 욕실을 사용하기도 한다. 숙소 1층에는 아담한 바가 있지만 사이드 메뉴를 곁들이거나 식사를 겸하고 싶다면 근처의 버즈 네스트로 가도 좋다.

지도 p.70-A
위치 올드타운의 서쪽 끝 아락 로드
주소 21/1 Arak Road Si Phum Chiang Mai, Tambon Sri Poom, Amphoe Muang
요금 수페리어 800B, 12베드 도미토리 285B (비수기 주말 기준)
전화 053-326-045
홈피 www.facebook.com/pg/thearakhostel

STAYING

어거스트 호스텔

August Hostel

왓 프라씽 길 건너편에서 전혀 기죽지 않고 당당하게 서 있는 어거스트 호스텔은 이 근방에서는 어쩌면 지나치게 혁신적인 건물일지도 모른다. 2016년 12월 크리스마스에 정식 오픈한 신생 호스텔로 젊은 사장 여럿이 함께 운영한다. 심플하고 깔끔하고 실용적으로 꾸몄으며, 더블룸 하나를 제외하고는 모두 도미토리다. 화장실은 공용으로 사용하는데, 이 숙소의 VIP룸이라 할 수 있는 2인실도 예외가 아니다. 좀 억울할 만한데 대신 창을 열면 앞마당처럼 펼쳐지는 왓 프라씽의 전경이 이를 보상해준다.

지도 p.70-F
위치 왓 프라씽 건너편
주소 2-2 Singharat Rd Amphoe Mueang
요금 더블(발코니) 760B, 8베드 도미토리 300B
(비수기 주말 기준, 조식 포함)
전화 896-331-739
홈피 www.theaugusthostel.com

STAYING

무안 호스텔

Muan hostel

2016년 11월에 오픈한 무안 호스텔은 타패 게이트에서 가까워 올드타운의 웬만한 관광지나 맛집을 도보로 이용하기 편리하다. 호스텔 건물은 올드타운의 비슷비슷하게 낡은 건물들 사이에서 유난히 톡톡 튄다. 무수한 세모꼴을 이리저리 이어붙인 듯 독특한데, 란나 스타일을 모던하게 해석한 건축 디자인이라고 한다. 치앙마이에서도 건축학적 가치를 인정받아 치앙마이 대학교 건축학과 학생들이 견학을 오기도 한다. 여행자에게도 오로지 도미토리로만 이루어진 호스텔은 착한 가격에 쿨한 공간에서 머무는 즐거움을 준다. 호스텔과 더불어 카페, 레스토랑, 핸드메이드 소품숍을 함께 운영하고 있다.

지도 p.71-H
위치 타패 게이트에서 도보 4분
주소 4/5 Chaiyapoom Rd, T.Chang Moi
요금 8베드 도미토리 330B(비수기 주말 기준, 조식 포함)
전화 053-235-440
홈피 www.facebook.com/Muanchiangmai

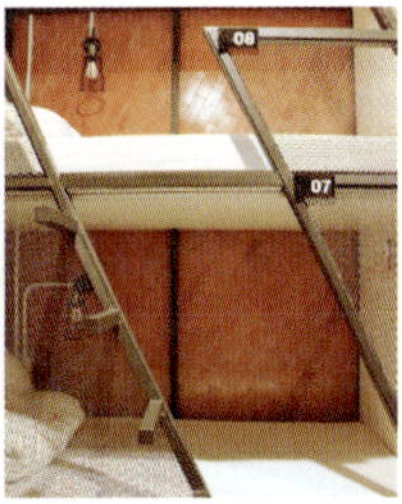

Nimman haemin

님만해민

치앙마이 최고의 트렌디 플레이스

올드타운이 란나 시대의 사원들로 가득한 태국 북부 치앙마이의 전통 문화를 느낄 수 있는 곳이라면, 님만해민은 트렌디하고 힙한 감성으로 무장한 카페와 레스토랑, 그리고 숍으로 가득한 타운이다. 그래서인지 올드타운에는 주로 서양 여행자들이, 님만해민에는 치앙마이 젊은이들과 한국 · 중국 관광객들로 넘쳐난다. 님만해민 맛집에도 타이 요리와 퓨전 요리가 공존해 있으며, 커피 전문점 외에는 요리를 함께 내놓는 카페들도 많다.

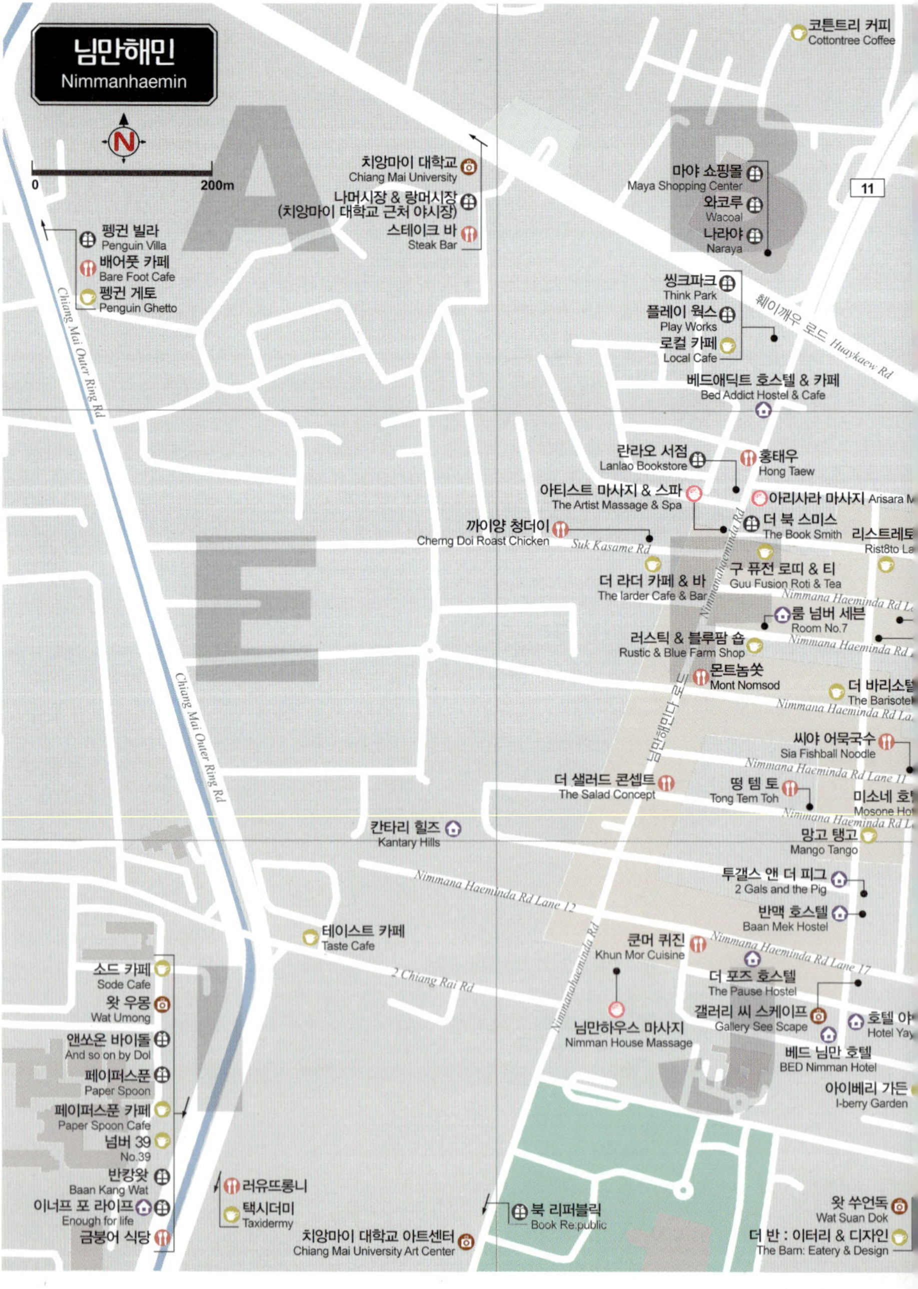

님만해민
Nimmanhaemin
N
0
200m
A
B
E
11
코튼트리 커피
Cottontree Coffee
치앙마이 대학교
Chiang Mai University
나머시장 & 랑머시장
(치앙마이 대학교 근처 야시장)
스테이크 바
Steak Bar
마야 쇼핑몰
Maya Shopping Center
와코루
Wacoal
나라야
Naraya
펭귄 빌라
Penguin Villa
배어풋 카페
Bare Foot Cafe
펭귄 게토
Penguin Ghetto
Chiang Mai Outer Ring Rd
씽크파크
Think Park
플레이 웍스
Play Works
로컬 카페
Local Cafe
훼이깨우 로드 Huaykaew Rd
베드애딕트 호스텔 & 카페
Bed Addict Hostel & Cafe
란라오 서점
Lanlao Bookstore
홍태우
Hong Taew
아티스트 마사지 & 스파
The Artist Massage & Spa
아리사라 마사지 Arisara M
더 북 스미스
The Book Smith
리스트레토
Rist8to La
까이양 청더이
Cherng Doi Roast Chicken
Suk Kasame Rd
Nimmanahaeminda Rd
구 퓨전 로띠 & 티
Guu Fusion Roti & Tea
더 라더 카페 & 바
The larder Cafe & Bar
Nimmana Haeminda Rd L
룸 넘버 세븐
Room No.7
Nimmana Haeminda Rd
러스틱 & 블루팜 숍
Rustic & Blue Farm Shop
몬트놈솟
Mont Nomsod
더 바리소텔
The Barisotel
Nimmana Haeminda Rd La
님만해민다 로드
Chiang Mai Outer Ring Rd
씨야 어묵국수
Sia Fishball Noodle
Nimmana Haeminda Rd Lane 11
더 샐러드 콘셉트
The Salad Concept
떵 템 토
Tong Tem Toh
미소네 호
Mosone Ho
Nimmana Haeminda Rd L
칸타리 힐즈
Kantary Hills
망고 탱고
Mango Tango
투갤스 앤 더 피그
2 Gals and the Pig
Nimmana Haeminda Rd Lane 12
반맥 호스텔
Baan Mek Hostel
테이스트 카페
Taste Cafe
쿤머 퀴진
Khun Mor Cuisine
Nimmana Haeminda Rd Lane 17
2 Chiang Rai Rd
Nimmanahaeminda Rd
더 포즈 호스텔
The Pause Hostel
소드 카페
Sode Cafe
왓 우몽
Wat Umong
갤러리 씨 스케이프
Gallery See Scape
호텔 야
Hotel Ya
님만하우스 마사지
Nimman House Massage
앤쏘온 바이돌
And so on by Dol
베드 님만 호텔
BED Nimman Hotel
페이퍼스푼
Paper Spoon
아이베리 가든
I-berry Garden
페이퍼스푼 카페
Paper Spoon Cafe
넘버 39
No.39
반캉왓
Baan Kang Wat
러유뜨롱니
택시더미
Taxidermy
북 리퍼블릭
Book Re:public
왓 쑤언독
Wat Suan Dok
이너프 포 라이프
Enough for life
치앙마이 대학교 아트센터
Chiang Mai University Art Center
더 반 : 이터리 & 디자인
The Barn: Eatery & Design
금붕어 식당

치앙마이 국립박물관
Chiang Mai National Museum
왓 쩻욧
Wat Ched Yot
쏨땀 우돈
Somtum Udon
무임 찜쭘
Mooyim Jimjum Hotpot Restaurant
아카아마 커피
Akha Ama Coffee
호루몬
Horumon
Santitham Rd
피우르 오텔
Pyur Otel
옴브라 카페
Ombra Cafe
카우쏘이 매사이
Khao Soy Maesai
비투 그린
B2 Green
지에스타 비앤비
Zzziesta B&B
왓 산티탐
Wat Santitham
훼이깨우 로드 Huaykaew Rd
더 살사키친
The Salsa Kitchen
까이양 위치옌부리
깟 쑤언 깨우(센탄)
Kat Suan Kaew
롭보란 스튜디오
Rub Boran Studio
C
D
G
H
K
L

SIGHTSEEING

왓 쑤언독

Wat Suan Dok

왓 쑤언독은 님만해민에서 치앙마이 대학교로 가는 수텝 로드에 위치해 있다. '꽃 정원 사원'이라는 뜻을 가진 이름처럼 원래 란나 왕실의 정원이었던 곳에 1371년, 고승 마하 테라 쑤마나를 기리기 위한 사원을 세운 것이다. 500년 된 본존불이 모셔져 있는 본당 오른편에는 큰 종 모양으로 생긴 수코타이 양식의 황금빛 쩨디가 있다. 황금 쩨디 반대편에는 약간 거리를 두고 하얗고 작은 쩨디들이 수십 기 모여 있다. 하얀 회칠을 한 듯한 쩨디 무리는 얼핏 그리스의 어느 섬을 연상시킬 만큼 유난히도 화사한데 이곳에 역대 왕들의 유골을 모셨다고 한다. 왓 쑤언독에는 불교 대학이 자리하고 있어서 젊은 승려들이 많은 것이 특징이다.

지도 p.66-E
위치 쑤언독 게이트에서 수텝 로드 따라 서쪽 방면 도보 15분
주소 139 Suthep Rd, Tambon Su Thep
오픈 07:00~19:00
요금 무료

SIGHTSEEING

왓 쩻욧

Wat Ched Yot

'7개의 첨탑이 있는 사원'이라는 뜻을 담은 왓 쩻욧은 왓 쑤언독보다 80여 년 늦게 건립되었으나 오히려 더욱 빛바랜 고찰 분위기를 지니고 있다. 7개의 첨탑들은 부조가 인상적인 돌탑 위에 세워져 있으며 부처님이 부다가야에서 득도한 후 그곳에서 7주간 머문 것을 상징한다고 한다. 입구 오른쪽의 우람한 아름드리 고목은 현지인들이 지지대를 사서 공양하는 신성한 나무다. 고즈넉한 사원이라 마음이 편안해진다. 근처의 치앙마이 국립박물관과 함께 들르면 좋다.

지도 p.66-A
위치 마야 쇼핑몰에서 11번 슈퍼 하이웨이 따라 도보 13분, 차로 2분
주소 69, Tambon Chang Phueak
오픈 07:00~17:00
요금 무료

SIGHTSEEING

왓 우몽

Wat Umong

동굴이나 터널을 뜻하는 '우몽'에서 짐작하듯이 왓 우몽은 치앙마이에서 만나는 일반적인 사원의 형태와 다르다. 1297년 멩라이 왕 때 건립한 사원으로 동굴 속에 불상이 모셔져 있다. 산사에 위치한 우리나라처럼 왓 우몽도 짧은 산책길을 걸어 동굴에 도착하는데 동굴 안에 들어가면 불상 앞에서 향을 피우고 기원하는 현지인들을 만날 수 있다. 사방으로 뻗은 동굴 끝에는 각각 불상이 안치되어 있고 바깥쪽의 쩨디와 연결된다. 불심 깊은 현지인들이 맨발로 쩨디 주위를 돌면서 탑돌이를 하기도 한다. 왓 우몽 경내에는 명상센터가 있고 인간의 탐욕을 경계하는 경구들을 볼 수 있다. 산책도 할 겸 안쪽으로 들어가면 연못과 우거진 숲이 나온다. 반캉왓과 함께 둘러볼 만하다.

지도 p.66-E
위치 반캉왓에서 도보 18분
주소 135 Moo 10 Suthep
오픈 08:00~17:00
요금 무료
홈피 www.watumong.org

SIGHTSEEING

치앙마이 대학교

Chiang Mai University

1964년 설립된 태국 북부 최고의 대학으로 세계에서 50위권에 드는 명문이다. 교복을 입는 치앙마이 대학생들의 자부심이 남다르며, 중국인 관광객들이 이 대학교 투어를 즐기는 것도 특이하다. 요즘은 유료 트램을 타고 걸어서 둘러보기 힘든 교정을 한 바퀴 도는데 하이라이트는 앙깨우 호수. 기념 촬영을 하거나 커피 한잔 마시기 좋다. 굳이 트램을 타고 싶지 않다면 매표소 뒤편 화장실 쪽으로 3~4분 걸어가면 이 호수가 나온다.

지도 p.66-A
위치 마야 쇼핑몰에서 자동차로 10분
주소 239 Huay Kaew Rd
오픈 08:00~19:00
요금 트램 투어 80B
홈피 www.cmu.ac.th

SIGHTSEEING

치앙마이 대학교 아트센터

Chiang Mai University Art Center

님만해민의 끄트머리인 소이 17에 위치해 있는 치앙마이 대학교 아트센터는 매번 다양한 전시를 하기 때문에 님만해민에 머물 때 들러보면 좋다. 평소에는 불교 미술이나 일반 회화, 설치 미술 작품을 전시하지만 종종 포토 페스티벌, 아트 페어, 한국 관련 전시회, 세계 예술 전시회 등 범위를 한정하지 않는 전시 이벤트를 진행한다. 아트센터 자체에 야외 조각품을 감상하며 쉬어가는 카페가 있거니와 웰빙 콘셉트의 라몬 카페(구 딘디 카페)도 있다.

지도 p.112-I
위치 쑤언독 게이트에서 수텝 로드 따라 도보 10분
주소 239 Huay Kaew Rd
오픈 09:00~17:00
휴무 월요일
요금 무료
홈피 www.finearts.cmu.ac.th

SIGHTSEEING

치앙마이 국립박물관

Chiang Mai National Museum

지도에서 보면 꽤 멀리 떨어져 있는 것처럼 보이지만 마야 쇼핑몰에서 걸어서도 갈 수 있다. 국립박물관답게 17~18세기 치앙마이의 역사와 문화를 한자리에 모아 두었다. 전시관을 6개 섹션으로 구분하여 란나 왕조의 역사와 생활상, 불상과 도자기, 수공예품 등을 쇼 케이스가 아닌 공간 위에 자연스럽게 배열해 놓았다. 근처의 왓 쩻욧과 함께 돌아보자.

지도 p.66-B
위치 마야 쇼핑몰에서 11번 슈퍼 하이웨이 따라 차로 3분
오픈 수~일요일 09:00~17:00
휴무 월 · 화요일
요금 30B
홈피 www.finearts.go.th/chiangmaimuseum

SIGHTSEEING

갤러리 씨 스케이프

Gallery See Scape

동그란 유리창이 액자가 되어 고개를 숙이고 책을 읽고 있는 여성의 모습을 담았다. 갤러리 겸 카페인 이곳에서는 이런 사소한 포즈 하나하나가 풍경이 되어 우리로 하여금 안을 들여다보게 만든다. 이것은 어쩌면 아티스트이자 갤러리 주인인 '헌'의 의도된 바일까? 헌의 대표작은 스위치를 올리면 남녀의 중요한 부위에 전구가 켜지는 재미있는 조명 램프. 갤러리 통창 너머로 이 작품을 볼 수 있다. 치앙마이의 실험작가들과 세계 각지의 아티스트들이 다양한 전시회를 연다는 이곳에서는 누구나 작품을 감상할 수 있다. 예전에는 준준 숍과 가방 가게가 있었다는 카페는 오후 2시까지 브런치와 음료를 주문받는다. 한쪽에 의류와 핸드메이드 소품을 판매하는 작은 숍이 있는데 사진 촬영은 금지다.

지도 p.112-J
위치 님만해민 소이 17
주소 22/1 Nimmanhemin Soi 17
오픈 갤러리 11:00~23:00, 카페 08:00~15:00
휴무 월요일
요금 갤러리 : 무료, 카페 : 커피 메뉴 70B~, 토스트 95B~
전화 093-831-9394
홈피 www.facebook.com/galleryseescape

SHOPPING

마야 쇼핑몰

Maya Shopping Center

치앙마이에서 가장 트렌디한 님만해민의 상징 같은 멀티플렉스 쇼핑몰이다. 규모가 대단히 크지는 않지만 같은 생활권의 깟 쑤언 깨우에 비해서도 구색을 잘 갖춘 편이다. 은행과 ATM이 모여 있는 2 · 3층의 전자상가, 지하와 4층의 식당들, 웬만한 제품은 다 찾을 수 있는 림핑 수퍼마켓, 24시간 카페 CAMP, 6층의 루프탑 바 등이 있어 여행자에게도 매우 편리한 복합몰이다. 좋은 입지는 물론 더위에 지쳤을 때 잠시 에어컨 바람을 쐬며 땀을 식히기도 좋아 치앙마이에 거주하는 외국인들이 장을 보거나 간단한 식사를 원할 때 동네 가게처럼 편안하게 이용하는 공간이기도 하다. 와코루, 나라야처럼 여성들이 선호하는 숍들과 코끼리 기념품 가게도 1층에 자리하고 있고, 어둠이 내리면 몰 앞에 야시장이 열리기도 한다.

지도 p.112-B
주소 55 Huay Kaew Rd Tambon Chang Phueak
오픈 10:00~22:00
홈피 www.mayashoppingcenter.com

ZOOM IN

SHOPPING

나라야

Naraya

나라야 하면 커다란 리본과 특유의 공단 누빔이 떠올라 올드한 느낌이 강한 것도 사실이지만 요즘의 나라야 매장에 가보면 의외로 실용적이고 괜찮은 아이템이 많다는 것을 알게 될 것이다. 물론 중년층이 좋아하는 누빔 핸드백도 여전하지만 그보다는 거울이 함께 달린 립스틱 케이스나 카드 지갑, 다양한 패턴의 파우치 등 정감 있는 소품들이 많아졌다. 가격 또한 저렴한 편이라 여러 개 사서 지인들에게 선물하기도 좋다.

지도 p.112–B
위치 마야 쇼핑몰 1층
오픈 10:00~22:00
요금 립스틱 파우치 60B, 천 파우치 80B, 카드 지갑 35B

SHOPPING

와코루

Wacoal

'한 번 입어본 사람은 있어도 한 번만 입어본 사람은 없다'는 식상한 표현을 그래도 꼭 붙여야 할 정도로 와코루는 여성들의 절대적인 신뢰를 받는 브랜드. 제 2의 피부가 된 듯 착 달라붙어 몸을 감싸주는 와코루 속옷은 그러나, 한국에서는 가격대가 센 것이 걸림돌. 이 와코루를 태국에서는 그 1/3 정도의 가격으로 구입할 수 있고 세일도 자주 한다. 또한 투어리스트 카드를 만들면 추가로 할인해준다. 먼저 착용해본 후에 구입할 수 있으므로 사이즈 걱정은 하지 않아도 된다.

지도 p.112–B
위치 마야 쇼핑몰 1층
오픈 10:00~22:00
요금 브라 세트 당 3만 원 내외

SHOPPING

씽크파크

Think Park

마야 쇼핑몰 건너편에 위치한 씽크파크에서 가장 먼저 눈길을 끄는 것은 이곳을 조성한 태국 CEO 미스터 탄의 조형물이다. 미스터 탄은 차 음료로 유명한 이치탄 그룹의 회장. 씽크파크는 그가 아기자기한 핸드메이드 숍을 비롯해 네일숍, 의류숍, 카페, 이스틴탄 호텔 등 다양한 분야의 콘텐츠를 한데 모아 조성한 복합 문화공간이다. 좁은 골목을 사이에 두고 조성된 작은 핸드메이드 숍들 사이로 다시 한 번 돌아보게 만드는 기발한 벽화가 재미를 더하며, 특히 로컬 카페 앞의 샤넬백을 매고 있는 고양이 조형물과 인증샷은 필수. 로컬 카페 앞 광장은 액세서리 소품, 의류, 가방 등 치앙마이 수공예 작가들의 작품을 판매하는 아트 마켓이 되기도 한다. 님만해민의 첫날 밤, 가벼운 마음으로 씽크파크와 마야 쇼핑몰을 먼저 둘러보면서 분위기를 익히는 것도 좋겠다.

지도 p.112-B
위치 마야 쇼핑몰 건너편 **주소** Tambon Su Thep
오픈 10:00~00:00
홈피 www.facebook.com/thinkparkchiangmai

ZOOM IN

SHOPPING

플레이 웍스

Play Works

어쩌면 씽크파크에서 가장 주목을 받는 상점일 것이다. 쇼윈도 안쪽을 기웃거려 보기만 해도 그 매력에 홀린 듯 문을 열고 들어가게 된다. 가게 안에는 아이디어 팡팡 튀는 에코백과 노트, 파우치, 수를 놓아 만든 수예 작품들이 빼곡해서 무엇부터 살펴봐야 할지 고민스러울 정도. 고맙게도 가격마저 착하다. 유리문에는 상호와 함께 트럭 그림이 그려져 있는데 예전에는 트럭에 직접 만든 에코백과 노트 같은 소품들을 싣고 판매하다가 치앙마이에 매점을 오픈했는데 이후 트럭 그림이 상징이 되었다고 한다. 1층은 상점, 지하에는 작업실이 있는데 제품의 70%는 핸드메이드, 30%는 미싱을 이용해서 만든다. 일요일에는 선데이 마켓에서 이곳의 제품을 만날 수 있다.

지도 p.112-B
위치 씽크파크 내
주소 Tambon Su Thep
오픈 13:00~22:00 **휴무** 일요일

CAFE

로컬 카페

Local Cafe

씽크파크의 '샤넬 백을 맨 검은 고양이' 동상 옆에 위치해 있어 님만해민을 오가다 보면 눈에 띄지 않을 수 없다. 층고가 높아 개방적인 데다가 캐주얼한 느낌이 강해 그저 아이스커피나 테이크아웃하는 정도의 카페일 거라는 선입견이 들었던 것도 사실. 그러나 이곳에서 식사나 디저트를 맛보고 나면 뜻밖의 반전을 만나게 된다. 메뉴 하나하나에 아이디어가 듬뿍 담겼을 뿐 아니라 비주얼과 맛도 기대 이상. 동그란 빵에 생크림, 수박 ,딸기를 층으로 얹고 그 위에 식용 꽃과 호박씨를 토핑으로 얹은 워터멜론 케이크처럼 식재료 간의 조합이 예사롭지 않은 메뉴들이 주를 이룬다.

지도 p.112-B
위치 씽크파크 내
주소 Think Park, Huai Kaeo Rd, Suthep
오픈 10:30~22:00
휴무 연중무휴
요금 샐러드 · 스낵 145~165B, 조각 케이크 75~125B, 아이스크림 95~215B
전화 053-215-250
홈피 www.facebook.com/lovelocalcafe

SHOPPING

반캉왓

Baan Kang Wat

반캉왓은 도심에 살지만 함께 공유하는 전원생활을 하며 예술가 각자의 작업 활동과 사업을 도모하는 예술인 공동체 마을이다. SNS를 통해 점차 알려지면서 이제는 반캉왓에 들르러 치앙마이에 간다고 할 정도로 필수 순례 코스로 꼽힌다. 반캉왓에 입주하는 숍은 점점 늘어 현재는 20여 개에 달하며 콘셉트도 다양해지고 있다. 한국인이 운영하는 게스트하우스 겸 자카숍인 이너프 포 라이프, 마하사뭇 북카페, 15.28 스튜디오의 수채화 화가가 운영하는 반캉왓 갤러리를 비롯해 도자기 스튜디오 부쿠, 태국 음식 뷔페, 아이스크림 가게, 기념품 가게, 미용실 등이 반캉왓을 이룬다. 가운데의 마당에서는 일요일 아침마다 마켓이 열리며 공연이나 영화 상영이 이루어지기도 한다.

지도 p.66-I
위치 마야 쇼핑몰에서 차로 13분(5km), 왓 람뻥 건너편
주소 191-197 Soi Wat Umong T. Suthep
오픈 10:00~18:00
휴무 월요일
홈피 www.baankangwat.com

SHOPPING/STAYING

이너프 포 라이프

Enough for life

1호점은 반캉왓 내에, 2호점은 반캉왓에서 걸어서 5분 거리인 이너프 포 라이프 빌리지에 있다. 세월의 흔적이 느껴지는 정감 있는 목조 주택인 1호점은 도자기 소품이나 법랑 생활용품 등을 판매하는 1층의 자카숍과 2층의 독채로 구성되어 있다. 소박하지만 스타일리시한 게스트하우스는 바깥쪽으로 낸 욕실과 작은 테라스뿐이지만, 이곳에 머물면서 무한한 자유로움과 평화를 느끼게 된다. 소녀 감성의 여주인의 섬세한 손길로 바구니에 담아 내어주는 조식을 테라스에 앉아 펼치면 봄나들이라도 나온 듯 행복해질 것이다. 금붕어 식당과 데이 오프 데이 카페가 한 울타리에 자리한 2호점은 1호점에 비해 조용한 곳에 위치해 있으며, 때때로 대관이 이루어지므로 페이스북을 참고하자. 메일로 문의해야 하며, 2박 이상만 예약이 가능하다.

지도 p.66-I
위치 1호점 : 반캉왓 내, 2호점 : 왓 람뽕 오른쪽 골목으로 도보 5분
요금 1인 4만 원, 2인 5만 원, 3인 6만 원 (1, 2호점 연중 동일 가격)
전화 053-022-226
홈피 www.enoughforlife.com

SHOPPING

펭귄 빌라

Penguin Villa

스튜디오, 베이커리 등을 포함해 7개의 숍이 있다고 하나 휴무만 피한다면 언제 가도 헛걸음을 치지 않는 곳은 세 곳쯤이다. 먹기가 아까운 펭귄 케이크와 맛있는 커피를 곁들일 수 있는 펭귄 게토, 도토리 목걸이 같은 핸드메이드 도자기 소품이나 의류, 엽서 등을 파는 자카숍인 펭귄 코옵, 그리고 즉석 홈메이드 요리가 훌륭한 배어풋 카페가 그곳들이다. 실제로 여행자들은 배어풋에서 식사하고, 펭귄 게토에서 커피를 마시고, 펭귄 코옵에 들러 마음에 드는 소품을 구입한다. 어떻게 셔터를 눌러도 그림엽서가 되는 무심한 듯 편안한 펭귄 빌라의 풍경 속에서 사진놀이는 기본. 아기자기하고 감성적인 공간을 좋아하는 여행자에게 더할 나위 없는 취향 저격 플레이스다.

지도 p.66-A
위치 마야 쇼핑몰에서 2.1km
(구글맵에 '펭귄 게토'로 검색)
주소 44/1 Moo1, Canal Rd. T. Chang Phueak
오픈 09:00~20:00
(시간 변경될 수 있음)
홈피 www.facebook.com/penguincoop

ZOOM IN

RESTAURANTS

배어풋 카페

Bare Foot Cafe

'반캉왓'이 치앙마이에 가야 하는 이유라고 한다면, '배어풋 카페'는 펭귄 빌라에 가야 하는 이유가 되겠다. 카페의 이름처럼 신발을 벗고 맨발로 입장해야 하는 이곳은 펭귄 빌라의 맨 안쪽에 위치하고 있다. 1층은 조리대를 두른 바 형태, 2층은 테이블 두어 개가 전부인 자그마한 이 공간은 떠도는 공기조차 너무나도 평화스럽다. 결론부터 말하자면, 이 작은 오픈 주방에서 나온 음식들이 어떤 이에겐 치앙마이 최고의 한 끼가 되기도 한다. 무엇보다 주문 즉시 조리하기 때문에 신선하고 맛있다. 파스타도 숙성해놓은 반죽을 일일이 수동 면 기계에 넣어 눈앞에서 뽑아내는데, 조리하는 과정 자체도 즐거운 볼거리. 그것을 만드는 그녀들의 얼굴엔 미소가 떠나지 않는데 '행복을 주는 음식'에 대해 곰곰이 생각하게 된다.

지도 p.66-A
위치 펭귄 빌라 내
주소 44/1 Moo1, Canal Rd, T, Chang Phueak
오픈 월~금요일 10:00~20:00, 토요일 11:00~20:00
휴무 일요일
요금 카프레제 샐러드 80B, 파스타 120B, 피자 200B
전화 415-460-2160
홈피 www.barefootcafe.com

CAFE

펭귄 게토

Penguin Ghetto

이 카페를 중심으로 폐허였던 공간을 리모델링해 펭귄 빌라를 조성했다고 알려져 있다. 보통 배어풋 카페에서 식사한 후 펭귄 게토에 들러 디저트와 차를 즐긴다. 1, 2층의 작은 실내 공간과 그 앞쪽의 테라스가 있다. 카페 공간은 이름처럼 펭귄 콘셉트로 꾸몄으며, 메뉴에도 펭귄을 빼놓지 않았다. 구석구석에 귀여움 돋는 소품들로 꾸며 놓았다. 펭귄 얼굴이 새겨진 롤케이크는 너무 귀여워서 차마 먹기 아깝지만 좀 퍽퍽한 식감이 아쉽다.

지도 p.66-A
위치 펭귄 빌라 입구 오른쪽
주소 44/1 Moo1, Canal Rd, T, Chang Phueak
오픈 09:00~20:00
요금 커피 메뉴 50~75B, 쿠키 30B, 펭귄 롤케이크 55B
전화 089-183-3224

SHOPPING

깟 쑤언 깨우(센탄)

Kat Suan Kaew

치앙마이 최초의 쇼핑몰로 마야 쇼핑몰에서 1km쯤 거리의 산티탐에 위치하고 있다. 현지인들은 센탄이라고도 부르는 이곳은 마야 쇼핑몰에 비해 중후하고 올드한 느낌이지만 다른 몰에 비해 전반적으로 비교적 저렴한 가격대를 유지하고 있다. 은행과 극장을 비롯해 다양한 프랜차이즈 음식점과 센트럴 백화점, 탑스 마켓 등이 있다. 특히 고추장이나 만두 등 한국 식품들을 다양하게 갖추고 있는 지하의 탑스 마켓, 시원한 마사지로 유명한 숍, 수키가 맛있는 2층의 써스텍 등은 현지인뿐만 아니라 치앙마이 교민들 사이에서도 인기 있는 곳. 때로 쇼핑몰 앞 광장에서 열리는 먹거리 야시장에서 음식을 구입해 계단에 앉아서 먹을 수 있는데 이 또한 잊지 못할 추억이 된다.

지도 p.113–H
위치 훼이깨우 로드 치앙마이 오키드 호텔 옆
주소 21, Huaykaew Rd
오픈 10:00~21:00
홈피 www.kadsuankaew.co.th

ZOOM IN

SHOPPING

룹보란 스튜디오

Rub Boran Studio

이젠 촌스러움도 콘셉트고 무엇보다도 재미있다. 친구, 혹은 연인과 함께라면 룹보란 스튜디오에 가서 란나 전통 의상을 입고 기념사진을 남겨보는 거다. KBS 〈배틀트립〉 여성 출연진들처럼 말이다. 여러 가지 패키지가 있지만 10×15인치 크기를 포함한 총 5장 이상의 사진과 CD원본을 소장하려면 600바트(2만 원 내외) 정도 든다. 스튜디오에 비치된 의상 중에서 고르면 되고 란나 스타일 화장도 도와준다. 다음날 사진을 찾아갈 수 있으며 나이트바자에서 옮겨 깟 쑤언 깨우점만 영업한다.

지도 p.113-H
위치 깟 쑤언 깨우 2층
오픈 11:00~21:00 **전화** 089-433-1514
홈피 http://rubboran.com

SHOPPING

북 리퍼블릭

Book Re:public

단독주택 단지인 무반이 형성되어 있는 조용한 동네로 관광객들에게 잘 알려져 있지는 않지만 왓 쑤언독에서 10분 정도 걸으면 이곳을 찾을 수 있다. 새로 조성된 듯한 깔끔한 상가 건물에는 북 리퍼블릭을 비롯해 60년대 미국 빈티지 콘셉트의 미용실과 놀이공원에 온 듯 알록달록한 쏨땀 레스토랑 등 재미있는 숍들이 줄줄이 붙어 있다. 북 리퍼블릭은 책과 소품을 판매하는 서점으로 커피도 마시면서 책 구경하기 좋은 곳. 어둠이 깃들면 따스한 등을 밝힌 스시집이 문을 열고 이 일대의 카페와 레스토랑들도 활기를 띤다.

지도 p.66-E
위치 치앙마이 국제공항의 북쪽
주소 34/12 Moo 5, Suthep
오픈 화~토요일 10:30~19:00
휴무 월요일
전화 085-617-3825
홈피 www.facebook.com/kobu.kaeru

SHOPPING

나머시장 & 랑머시장(치앙마이 대학교 근처 야시장)

우리나라 대학가처럼 치앙마이 대학가에도 '나머'라고 불리는 정문 근처와 '랑머'라고 불리는 후문 근처에 젊은이들이 즐겨 찾는 핫스폿들이 있다. 정문 건너편의 나머시장은 특히 저녁 6시 즈음 야시장이 열리며 활기를 띤다. 옷가게, 신발가게, 네일숍 등 젊은 취향에 맞는 가게들과 스테이크 바 같은 먹거리 노점들이 문을 연다. 대학 후문 근처의 타논 수텝 로드의 랑머시장은 특히 먹거리 노점의 천국이 된다. 즉석에서 만들어 주는 팟타이와 꼬치, 쏨땀, 소시지 등 저녁 식사나 술 안줏거리로 좋은 메뉴들이 식욕을 돋운다. 저렴한 가격에 메뉴도 다양하므로 한번 쭉 돌아본 후 먹고 싶은 음식 몇 가지를 포장해 가면 숙소에서 부담 없는 한 끼가 가능하다.

지도 p.66-A, B
위치 치앙마이 대학교 정문(나머시장), 치앙마이 대학교 후문(랑머시장)
오픈 18:00경~

ZOOM IN

RESTAURANTS

스테이크 바

Steak Bar

치앙마이 대학교 정문 앞 나머 시장에서 호텔급 스테이크를 내놓던 노점으로 유명세를 탔다. 특히 KBS 〈배틀 트립〉에 소개된 후 손님의 대부분이 한국인일 정도로 높은 인기를 누리고 있다. 메뉴는 스테이크와 파스타, 버거 종류. 10여 년간 호텔 셰프로 일하던 내공으로 선보이는 멋드러진 플레이팅에 눈길이 간다. 이 스테이크바는 2017년 8월에 기존의 자리에서 반대편 푸드존 14번째 블록으로 확장 이전했다. 장소는 훨씬 넓어졌지만 오너가 섬섬옥수로 조리하고 플레이팅하는 모습은 여전히 볼 수 있다.

지도 p.66-A
위치 치앙마이 대학교 정문 나머시장 내
주소 99 Huaykaew Rd, Tambon Chang Phueak
오픈 18:00~21:30
휴무 목요일
요금 돼지 스테이크 79B, 파스타 69B, 버거 69B
전화 084-151-5750
홈피 www.facebook.com/steakbarchiangmai

SHOPPING

앤쏘온 바이돌

And so on by Dol

규모는 페이퍼 스푼보다 작긴 하지만 그 안에 앤쏘온 바이돌, R&B, 큐카코이 스튜디오 세 개의 작은 가게가 있다. 그 가운데 앤쏘온 바이돌은 아티스트인 남편이 만든 도자기와 나무 식기를 비롯해 다른 치앙마이 작가들의 작품도 함께 판매하는 자카숍 & 카페다. 치앙마이 숍 가운데 지름신이 강림하지 않는 곳은 없지만 이곳의 귀여움 돋는 그릇들은 테이블째 들고 오고 싶을 정도.

지도 p.66-E
위치 페이퍼스푼에서 100m
주소 Soi Wat Umong
오픈 10:30~17:30
전화 081-483-1330
홈피 www.facebook.com/andsoonbydol

SHOPPING

나나정글

Nana Jungle

치앙마이에서 빵 맛이 좋기로 유명한 나나 베이커리에서 운영하는 토요 유기농 시장이다. 나나 베이커리에서 구워오는 크루아상, 천연 효모 발효빵, 페스트리 등 다양한 빵을 비롯해 생과일을 갈아 진하게 만든 요거트 등의 오가닉 유제품류, 집에서 키운 채소류, 이탈리안 아저씨가 만들어온 잼이나 소스류, 치앙마이 아저씨가 담갔다는 김치까지 착한 가격의 건강식이 가득한 나나정글은 음식 하나로 세계화를 이룬 듯하다. 먹거리뿐 아니라 핸드메이드 의류나 액세서리, 가죽공예 작가가 만든 지갑 등 손재주가 뛰어난 치앙마이의 재주꾼들이 모두 나나정글로 집합한 것 같다. 또 매주 토요일마다 나나정글로 달려가는 즐거움 중 하나는 무료 커피와 함께 갓 구운 크루아상으로 행복한 아침을 맞이할 수 있다는 것.

지도 p.66-A
위치 치앙마이 국제컨벤션센터에서 도보 10분.
마야 쇼핑몰에서 차로 10분
주소 Chang Phueak
오픈 토요일 08:00~10:00

SHOPPING

페이퍼스푼

Paper Spoon

페이퍼스푼 카페와 커뮤니스타, 핸드룸, 진 타나, 이 네 개의 숍이 마당을 둘러싸고 한 담장 안에 옹기종기 모여 있다. 집중하지 않으면 무심코 지나쳐버릴 정도로 소박한 이 공간의 시작은 소수 부족의 터전을 보호하고 지원하는 비영리 단체가 만든 브랜드 커뮤니스타다. 아기 옷가게인 핸드룸, 잡화를 파는 커뮤스타, 면 의류와 가방을 판매하는 진타나 등 페이퍼 스푼의 모든 제품들은 치앙마이 소수 부족 여성들이 손으로 만든 수공예품들이다. 수익금의 50%는 소수 민족 지원에 쓰인다. 세상에 딱 하나뿐인 핸드메이드 제품을 둘러보며 쇼핑한 후 페이퍼스푼 카페 2층이나 정원에 놓인 의자에 앉아 패션프루트 잼을 바른 스콘을 맛보며 잠시 쉬어가기. 이것이 페이퍼스푼을 들르는 재미다. 가끔 플리마켓이 열리기도 한다.

지도 p.66-E
위치 왓 우몽과 왓 람뻥 사이
주소 36/14 Moo 10
오픈 10:30~16:30
휴무 화 · 수요일
전화 084-041-6844
홈피 www.facebook.com/pages/Paper-Spoon-Coffee-Shop

ZOOM IN

CAFE

페이퍼스푼 카페

Paper Spoon Cafe

카페 2층에 올라가 선풍기 켜놓고 책을 읽거나 멍때리며 게으름 피우기 딱 좋은 그런 분위기다. 비 오는 날의 운치도 치앙마이스럽다. 음료와 사이드 메뉴를 주문하는 1층은 이런저런 핸드메이드 소품을 진열한 자카숍이기도 한데 메뉴가 준비되는 동안 둘러보면 지루하지 않다. 다양하진 않지만 커피와 곁들여 몇 가지 요기할 만한 메뉴가 있는데 한국인 여행자들 사이에서는 스콘과 패션프루트 잼이 유명하다.

지도 p.66-E
위치 페이퍼스푼 내, 왓 우몽과 왓 람뻥 사이
오픈 11:00~18:00
휴무 화 · 수요일
요금 커피 49~60B, 스콘과 패션프루트 잼 40B
전화 085-041-6844

SHOPPING

더 북 스미스

The Book Smith

책과 약간의 소품을 파는 서점이지만 치앙마이 여행자들 사이에서 꼭 들러야 할 카페나 맛집 못지않게 인기를 끈다. 님만해민 소이 3 입구에 위치한 더 북 스미스에서는 대형 서점에는 없는 독립 서적들을 만날 수 있어서 즐겁다. 〈킨포크〉나 〈어라운드〉 같은 라이프 스타일 잡지들, 일러스트가 예쁘거나 일본 느낌이 물씬 풍기는 번역서도 있다. 모두 태국어로 된 책이라 그림의 떡이긴 하지만 그림만 봐도 즐겁다. 치앙마이 국제공항에서도 더 북 스미스를 만날 수 있다.

지도 p.112-F
위치 님만해민 중앙로에서 소이 3 방향 입구
주소 11 Nimmanahaeminda Rd
오픈 10:00~22:00

SHOPPING

란라오 서점

Lanlao Bookstore

작지만 안으로부터 풍겨오는 따뜻한 느낌, 빨간 테두리가 시선을 잡아끄는 란라오 서점은 20여 년에 가까운 역사를 지닌 님만해민 서점의 터줏대감이다. 란라오란 'to tell', 즉 말한다는 뜻. 책이 내게 말을 건네는 이곳은 주로 감성적인 에세이나 소설, 시집, 인문서와 고전 서적을 판다. 차도 마실 수 있고 치앙마이 작가들의 핸드메이드 소품이나 예쁜 법랑 도시락 같은 것도 갖추고 있다.

지도 p.112-F
위치 님만해민 중앙로에서 소이 2 방향 입구
주소 8/7 Nimmanahaeminda Rd
오픈 12:00~23:00

RESTAURANTS

러유뜨롱니

'러유뜨롱니'라니, 발음해보면 매우 귀여운 어감을 가지고 있다. 태국 말로 '여기서 기다릴게'라는 뜻이다. 여담이지만 누군가 이렇게 속삭인다면 도무지 기다리지 않을 수 없을 것 같다. 초록 나무가 가득한 넉넉한 뜰의 입구에 있어 평화롭고 주택가 골목에 있어 또 한적하다. 소박하면서도 감성을 자극하는 인테리어에 음식 맛도 꽤 좋아서 치앙마이 젊은이들 사이에서 나름 알려져 있는 곳이다. 실내는 물론 야외 좌석도 있어서 조각 케이크를 곁들여 커피도 마시고 식사도 한다. 러유뜨롱니는 간판 자체가 그림 같은 태국어로 되어 있어서 찾기가 쉽지가 않다. 구글맵에 '15.28 스튜디오'로 검색하면 이곳에 도착한다. 현재 반캉왓 갤러리를 운영하는 수채화 화가 타넷의 15.28 스튜디오가 러유뜨롱니 안쪽에 있었기 때문이다.

지도 p.66-E
위치 구글맵에 '15.28 스튜디오' 입력
주소 32 Suthep
오픈 10:30~21:00
휴무 일요일
요금 샐러드 35~125B, 요리 70~125B, 커리 앤 수프 75~110B
전화 052-017-590
홈피 www.facebook.com/rawyouhere

RESTAURANTS

떵 템 토

Tong Tem Toh

현지인들은 보통 '떵'이라고 부른다. 가격도 착하고 음식 맛도 좋아서 현지인들이 인정하는 북부 음식 전문점으로 한국인 여행자의 필수 순례 맛집 리스트에도 빠지지 않는다. 향신료를 적절히 사용하여 외국인들의 입맛에도 크게 낯설지 않은 메뉴들을 갖추고 있다. 가장 유명한 것은 숯불 돼지 바비큐인 무양과 찹쌀밥과 함께 비벼 먹으면 좋은 미얀마식 커리인 깽항래. 무양과 더불어 곱창구이도 맛있는데 이 숯불구이를 줄 서지 않고 맛보고 싶다면 오후 5시 즈음에 들러보자. 6시가 넘으면 긴 줄을 서야 하고, 너무 늦으면 재료가 떨어져 맛볼 수 없다. 현지인들처럼 채소볶음이나 보라색 안찬 주스를 곁들이는 것도 좋다. 대체로 우리 입맛에 잘 맞는다.

지도 p.112-F
위치 님만해민 소이 13 허그님만 호텔 앞
주소 11 Nimmanhaemin Soi 13, Suthe
오픈 11:00~21:00
휴무 연중무휴
요금 숯불 돼지 바비큐 67B, 깽항래 73B
전화 053-854-701

RESTAURANTS

쿤머 퀴진

Khun Mor Cuisine

태국 북부 요리를 아우르는 태국 요리 전문점으로 1992년에 오픈했다. 소박한 분위기의 로컬 푸드 식당들이 많은 치앙마이에서 그 깔끔함과 규모 면에서 눈에 띈다. 원래 보트 누들 전문점에서부터 출발한 이력답게 이 집의 시그니처 메뉴는 국수다. 그러나 한국 여행자들에겐 국수 전문점으로 리스팅 되는 맛집들이 따로 있으므로 그보다는 똠얌꿍이나 똠얌국수, 뿌 팟퐁 까리를 주로 주문한다. 똠얌꿍은 촛불로 데워가며 먹는 신선로 같은 그릇에 담겨 나온다. 끝까지 온기를 간직한 똠얌꿍의 맛은 '토마토 소스에 새우를 넣어 국으로 끓여낸 듯한' 독특한 맛. 세상의 모든 향신료를 다 품은 듯 향이 매우 독특하다. 그 밖에 란나 푸드 세트나 어더브므앙, 카우쏘이 같은 북부 음식도 있다. 실내 안쪽에는 5바트를 추가하면 앉을 수 있는 에어컨룸이 있다.

지도 p.112-J
위치 님만해민 소이 17 입구
주소 Soi 17 Nimmanhaemin Rd, Suthep
오픈 08:30~22:00
휴무 연중무휴
요금 똠얌꿍 199B, 란나 세트 249~289B, 똠얌국수 179B
전화 053-226-379

RESTAURANTS

까이양 위치옌부리

태국어 간판이 있지만 외관으로 보면 찾기 힘들 만큼 소박하기 이를 데 없다. 하지만 숯불 그릴 위에 긴 꼬챙이에 꿰인 채 줄줄이 누워 있는 닭고기와 뿌연 연기 속에서 비지땀을 흘리며 닭을 구워 내고 있는 남자가 보인다면, 그곳이 까이양 위치옌부리다. 까이양 청더이의 로스트치킨과 함께 양대산맥으로 통하는데, 개인적으로 이 집을 '엄지 척'하고 싶다. 청더이와는 달리 까이양이 접시에 올라오기까지의 과정을 고스란히 지켜봐서인지 더욱 맛있게 느껴진다. 까이양은 소스에 찍어 찰밥, 쏨땀과 곁들여 먹는데 그야말로 '인생 닭구이'를 이곳에서 만나게 될 것이다. 기름기가 쏙 빠진 닭은 껍질이 바삭하고, 속살은 간이 잘 배어 촉촉하다. 닭의 크기도 구이로 먹기 딱 알맞은 중닭 크기.

지도 p.113–G
위치 님만해민 소이 11 끄트머리
주소 Soi 11 Nimmanhaemin Rd, Suthep
오픈 10:00~16:00
휴무 부정기 휴무
요금 까이양 150B, 쏨땀 30B, 찰밥 5B

RESTAURANTS

까이양 청더이

Cherng Doi Roast Chicken

영문 간판은 없지만 영어 버전 메뉴판은 있는 까이양 맛집. 닭 숯불구이인 까이양이 주메뉴로 식당은 깔끔한 편이다. 까이양의 가격은 75바트로 양이 다소 적은 편이다. 까이양 위치옌부리와 같이 눈앞에서 까이양을 굽는 행위 예술(!)을 볼 수 없어 아쉽지만 고소하고 달달한 타마린드 소스를 찍어 먹으면 우리나라의 '굽네치킨' 같은 맛이 난다고들 한다. 까이양과 어울리는 10여 가지의 쏨땀이 있으며, 당면 샐러드인 얌운센이나 바삭한 파파야 튀김인 쏨땀텃도 별미다.

지도 p.112–F
위치 더 라더 카페 & 바 맞은편
주소 Suk Kasame Rd
오픈 11:00~22:00
휴무 월요일
요금 까이양 75B, 쏨땀 40B, 찰밥 10B
전화 081–881–1407

RESTAURANTS

카우쏘이 매사이

Khao Soy Maesai

한국인 장기 거주자들이 추천하는 산티탐의 동네 맛집이다. '카우쏘이'는 커리와 코코넛 밀크로 만든 육수에 쌀국수를 넣고 고명으로 달걀 국수 튀김을 얹은 태국 북부 지역의 음식이다. 저렴한 가격에 고기도 푸짐하게 넣어주는 이 집의 카우쏘이를 맛보기 위해 대기 줄이 길어지기도 한다. 커리와 코코넛 밀크를 섞어 끓여 진한 농도의 카우쏘이 국물은 담백한 듯 살짝 매콤한 맛. 닭고기, 돼지고기, 소고기 중 선택할 수 있는데 한국인 여행자들은 주로 닭다리 하나를 통째로 얹은 카우쏘이 까이를 선택한다. 뚝뚝 끊기는 쌀국수에 매콤한 돼지 국물 소스를 얹은 카놈찐 남니여우는 다진 돼지고기와 선지를 넣어 얼큰하게 먹는다. 라임을 짜 넣고 함께 나오는 절임배추 등의 반찬과 함께 먹는데 한국의 해장국과 비슷한 맛이 난다.

지도 p.113-H
위치 훼이깨우 로드에서 치앙마이 롯지 쪽
주소 Ratchaphuek Alley, Tambon Chang Phueak
오픈 08:00~16:00
휴무 일요일
요금 카우쏘이 까이 40B, 카놈찐 남니여우 35B, 비프누들 40B
전화 053-213-284

RESTAURANTS

씨야 어묵국수

Sia Fishball Noodle

미소네 호텔 골목 맞은편에 위치하기 때문에 한국 여행자들이 찾기 어렵지는 않다. 식당은 매우 깔끔하고 입구의 오픈형 주방에는 커다란 솥에 고깃국물이 늘 끓고 있다. 국수의 종류를 선택하고 주문하면 이 솥에서 바로 국물을 떠서 국수를 말아 낸다. 맑은 국물은 굉장히 깔끔하고 개운한 맛이라 진한 육수를 기대한다면 다소 심심하게 느껴질 수도 있다. 탱글탱글한 어묵을 넣은 어묵국수가 주메뉴이지만 한국인들 사이에서 '갈비탕'으로 불리는 돼지뼈국도 인기 있다.

지도 p.112-F
위치 님만해민 소이 11 미소네 골목
주소 Nimmana Haeminda Rd Lane 11, Tambon Su Thep
오픈 10:00~16:30
휴무 일요일
요금 어묵국수 45B, 돼지뼈국 40B, 옌타포 50B
전화 019-1138-7002

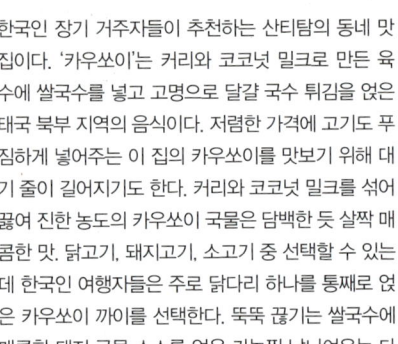

RESTAURANTS

홍태우

Hong Taew

님만해민의 큰 도로를 걷다 보면 의외로 쉽게 눈에 띄는 곳이 홍태우다. 옥색으로 페인팅한 창문 앞에는 꽃으로 장식한 나무 벤치가 있는데 여행자들은 여기 앉아서 사진만 찍고 지나친다. 현지인 셰프가 맛있는 북부 음식을 먹고 싶을 때 찾는다고 귀띔해준 홍태우는 안타깝게도 한국인 여행자들 사이에서는 별로 알려져 있지 않은 숨은 보석. 새로운 태국 음식에 도전하기가 두려운 치앙마이 초보 여행자라면 홍태우에서 과감하게 모험해볼 것을 권한다. 애피타이저에서부터 메인 요리, 디저트까지 어떤 것을 선택해도 크게 실망하지는 않을 정도로 대부분의 음식이 맛있다. 튀김 종류인 '텃'이나 남픽눔, 남픽엉을 곁들인 어더브므앙으로가볍게 시작하다가 돼지고기 볶음밥인 카오팟무, 미얀마식 커리인 깽항래 등을 곁들여보자.

지도 p.112-F
위치 님만해민 중앙로
주소 95/17-18 Nimmanhemin Rd, Su Thep
오픈 11:00~22:00
휴무 연중무휴
요금 뽀삐아텃 100B, 어더브므앙 250B, 카오팟무 95B
전화 053-218-333

RESTAURANTS

쏨땀 우돈

Somtum Udon

한국식으로 말하자면 치앙마이의 쏨땀 중 가장 '전라도 느낌이 강한' 쏨땀을 내놓는다. 아마도 진하게 풍기는 젓갈 때문인 듯하다. 얼얼하고 혀에 짝짝 달라붙는 이 집의 쏨땀을 먹다 보면 치앙마이 사람들이 이렇게나 매운맛을 좋아하는 건가 싶을 정도. 북부 지역의 쏨땀 맛을 제대로 보여주는 현지인 맛집으로, 널따란 식당 안이 언제나 꽉 들어찰 정도다. 메뉴판을 보면 어마어마한 종류의 쏨땀으로 빽빽하다. 그림 없이 영어 설명을 곁들인 약 50여 가지의 쏨땀이 있는데, 잘 보고 골라서 주문표에 적어 넣어야 한다. 쏨땀과 함께 곁들여 먹기 좋은 메뉴는 숯불 향이 좋은 돼지고기 바비큐 무양으로 한국인의 입맛에도 잘 맞는다.

지도 p.66-B
위치 산티탐
주소 104 Ku Tao Alley
오픈 10:00~20:30
휴무 매월 18일(18일이 토 · 일요일이면 오픈)
요금 쏨땀 36B~, 그릴드 포크 80B, 찰밥 11B

RESTAURANTS

몬트놈쏫

Mont Nomsod

1964년부터 우유와 함께 팔던 태국식 토스트가 히트를 치며 이제는 우유보다 더 유명해졌다. '몬트'는 간판에서 보는 오너의 이름, '놈쏫'은 우유라는 뜻으로 '몬트놈쏫'은 우유 아저씨쯤 되겠다. 토스트는 코코넛 커스터드나 초콜릿 등 토핑 소스를 고르고 기본형인 마가린으로 할 것인지, 10바트를 추가해 버터로 할 것인지를 결정한다. 토스트는 달아도 너무 달아서 두 번 먹어야 할지는 각자 생각해봐야 할 정도. 늘 엄청나게 붐비므로 오후 3시에 오픈하자마자 들러야 기다리지 않는다.

지도 p.112-F
위치 님만해민 중앙로 세븐일레븐 건너편
주소 45/1-2 Nimmana Haeminda Rd
오픈 15:00~23:00
휴무 연중무휴
요금 토스트 17~25B(버터는 10B 추가), 우유 30~60B
전화 053-214-410

RESTAURANTS

무임 찜쭘

Mooyim Jimjum Hotpot Restaurant

'찜쭘'은 치앙마이에서는 '무쭘'이라고도 부르는 전골 요리로 테라코타 토기에 이것저것 넣고 끓여 먹는 요리. 한 접시에 단돈 19바트인 생고기나 곱창, 채소, 국수 등을 주문해서 한데 넣고 끓이다가 건더기를 건져 소스에 찍어 먹는 스타일이다. 한국에서는 접할 수 없는 독특한 비주얼도 정감 있고 매우 착한 가격이라 배불리 먹어도 부담이 가지 않는다. 오후에 문을 열어 새벽까지 영업한다.

지도 p.66-B
위치 왓 쩻욧 슈퍼 하이웨이 건너편 골목
주소 Taewan Rd. Chang Phueak
오픈 17:00~03:00
휴무 연중무휴
요금 한 접시당 19B
전화 081-716-6971

RESTAURANTS

호루몬

Horumon

일본식 숯불 화로에 구워 먹는 소고기나 삼겹살, 곱창으로 인기가 있는 산티탐의 식당으로 호루몬은 일본어로 '곱창이나 대창'을 의미한다. 삼겹살은 기름이 떨어져 불꽃이 일어나기 쉬우므로 치마살이나 갈빗살을 추천한다. 접시당 98바트인데 6점뿐이라 1인당 기본 서너 접시 이상은 먹게 된다. 약한 양념이 적절하게 배어든 치마살을 석쇠 위에 얹고 살짝 익었을 때 소스에 찍어 먹으며 술 한잔 곁들이기에 안성맞춤.

지도 p.66-B
위치 산티탐 위앙프라자 골목
주소 43/19 Sotsuksa Rd, Chang Phuak Subdistric
오픈 18:00~22:00
휴무 확인
요금 치마살 98B, 갈빗살 98B, 맥주 75B
전화 085-439-4803

RESTAURANTS

금붕어 식당

데이 오프 데이 카페와 함께 이너프 포 라이프 빌리지 내에 위치한 금붕어 식당은 야외 테이블 서너 개의 작은 식당이다. 치앙마이가 좋아 서울 망원동에서 이전했다는 주인장은 느리지만 정성껏 마음을 담은 소박한 자연주의 요리를 내놓는다. 반드시 최소 하루 전에 전화나 인스타, 라인을 통해 예약해야 한다. 두 가지 고정 메뉴와 한 가지 스페셜 메뉴를 제공한다고 공지하고 있으나 이 또한 재료의 여부에 따라 달라질 수 있다. 금붕어 식당에서의 한 끼는 어찌보면 수고로움을 감수해야만 한다. 하지만 맛과 플레이팅, 내추럴 & 빈티지 콘셉트의 주방 소품 구경 같은 감성적인 느낌을 좋아한다면 기꺼이 시도해보자.

지도 p.66-I
위치 이너프 포 라이프 빌리지 내
오픈 하루 전 예약시 전화로 문의
휴무 월요일
요금 식사류 190B, 맥주 80B
전화 094-613-1222
홈피 www.instagram.com/ga_ga_gold,
Line ID goodfood1213

RESTAURANTS

더 살사키친

The Salsa Kitchen

간판도, 식당 외관도 온통 정열적인 빨간색이다. 안으로 들어가 보면 식욕을 돋운다는 오렌지 컬러로 꾸몄는데 음식을 먹기도 전에 기분이 '업'되는 느낌이다. 님만해민 옆 동네 산티탐 거리에 위치한 멕시칸 레스토랑으로 트립어드바이저에서도 인기 상종가다. 그 인기를 증명하듯 어둠이 내리면 서양인들이 줄을 선다. 가격대는 있는 편이지만 나초, 케사디아, 또띠아, 화지타 등 우리에게도 낯설지 않은 멕시칸 메뉴가 푸짐하고 맛있다. 고기 종류를 선택할 수 있으며 베지테리안을 위한 메뉴도 있다.

지도 p.113-G
위치 산티탐 깟 쑤언 깨우 건너편
주소 26/4 Huay Kaew Road, Chang Pueak
오픈 11:00~23:00
휴무 연중무휴
요금 나초 199~249B, 화지타 209~289B
전화 053-216-605

RESTAURANTS

더 샐러드 콘셉트

The Salad Concept

투병하던 아버지의 식이요법을 하다가 건강식을 콘셉트로 레스토랑 사업까지 하게 된 자매. 상호처럼 샐러드를 위주로 한 건강식이 주메뉴다. 빵과 수프, 샐러드 타입 등을 선택하여 자신만의 샐러드를 만들어 먹는다. 샐러드 타입(레귤러, 랩), 토핑 타입(파스타, 토마토, 양파, 호박 등), 스페셜 토핑(구운 소고기, 참치, 연어 등)을 선택한 후 기본 드레싱 외에 색다른 드레싱을 선택하면 된다. 가볍게 먹고 싶다면 용과, 구바아, 촘푸, 파인애플 등 7~8가지 다양한 과일을 토핑에 찍어 먹는 과일 샐러드도 괜찮은 선택이다.

지도 p.112-F
위치 님만해민 소이 13 초입
주소 Nimmarnhemin Road Soi 13, Tambon Su Thep
오픈 11:00~22:00
휴무 연중무휴
요금 샐러드 105~165B, 스무디 55~115B
전화 053-894-455
홈피 www.thesaladconcept.com

CAFE

넘버 39

No.39

반캉왓과 페이퍼스푼을 찾는 여행자들이 들러볼 만한 핫 플레이스. 작은 연못을 가운데 두고 빙 둘러 실내 공간과 다양한 야외 공간들이 조성되어 있다. 이곳에서 맛볼 수 있는 메뉴는 조각 케이크와 커피를 비롯한 음료, 그리고 가성비 떨어지는 비싼 햄버거가 전부. 그럼에도 불구하고 화장과 패션에 많은 공을 들인 태국 여성들에겐 인생샷을 건질 수 있는 포토존이기도 하고, 2층 테라스에 참새처럼 줄줄이 앉아 단체 사진을 찍거나 평상 자리를 차지하고 느긋하게 뒹굴 수 있는 자유로움이 있다. 어둠이 내리면 이런 행복 무드는 절정에 달하며 종종 라이브 공연도 열린다. 반캉왓에서 걸어서 10분 이내.

지도 p.66-I
위치 페이퍼스푼에서 도보 2분, 반캉왓에서 도보 10분
주소 Su Thep
오픈 10:30~21:00
휴무 연중무휴
요금 커피 65~100B, 햄버거 150B, 프렌치프라이 70B, 조각 케이크 90~110B

CAFE

망고 탱고

Mango Tango

한국에서는 쉽게 먹지 못하기 때문에 더욱 사무치는 노란 망고를 탱고, 룸바, 살사, 왈츠, 트위스트, 차차차, 알로하 등 다양한 방법으로 즐기는 망고 전문점이다. 춤의 이름을 붙인 망고 메뉴들은 생망고에 아이스크림, 푸딩, 찰밥, 열대과일 등을 곁들인 메뉴. 믹서에 갈아 스무디나 라씨, 셰이크 주스로도 즐길 수 있다. 가장 인기 있는 망고 탱고는 '망고 푸딩 + 생망고 + 망고 아이스크림'이 한 접시에 나온다. 1인 1 주문 필수.

지도 p.112-F
위치 님만해민 소이 13
주소 Nimmanhaemin Rd soi 13
오픈 11:00~22:00
휴무 연중무휴
요금 망고 탱고 165B, 망고 차차차 85B
전화 081-595-8494

CAFE

아이베리 가든

I-berry Garden

어른들도 아이들처럼 놀이터에서 놀고 싶을까? 코도 마음껏 후벼 파고, 네 다리로 강아지처럼 엎드려 왕왕거리며, 커다란 얼굴 탈을 쓰고 우스꽝스러운 사진도 찍고 싶을까. 그렇게 놀다가 목이 마르면 홈메이드 아이스크림과 스무디 빨대를 하나씩 입에 무는 거다. 이곳은 씽크파크의 로컬 카페를 운영하는 코미디언 우돔씨가 만든 어른 놀이터다. 물론 컵케이크도 있고 스낵 코너도 따로 있어서 배고플 일도 없다.

지도 p.112-J
위치 님만해민 소이 17
주소 Soi 17, Nimmanhaemin Rd, Suthep
오픈 10:00~22:00
휴무 연중무휴
요금 아이스크림 1스쿱 69B, 스무디 110B
전화 053-895-181

CAFE

리스트레토 랩

Rist8to Lab

내로라하는 카페가 많은 님만해민에서도 리스트레토 카페의 인기는 절대적이다. 님만해민에 두 군데의 '리스트레토' 카페가 있는데, 모두 '월드 라테아트 챔피언'이라는 바리스타 오너가 운영한다. 상호로 사용한 '리스트레토'는 에스프레소를 가장 진한 상태까지만 뽑는 기법. 이를 베이스로 하기 때문에 다른 재료와 섞어도 커피 본연의 맛과 향이 고스란히 살아 있다. 무난하게 선택하는 플랫화이트도 호주에서 시작된 커피로 카페라테보다 우유 거품이 적어 좀 더 진한 커피 맛을 낸다. 바리스타의 테크니컬한 라테아트도 아름답고, 세계 여러 나라의 스페셜티 생두를 직접 로스팅하여 다양한 추출 도구로 맛있는 커피를 만든다. 또 비커 잔에 샤케라또를 담고 해골 유리잔에 커피를 담아 내는 독특한 스타일로 색다른 즐거움을 준다.

지도 p.112-F
위치 님만해민 소이 3 아트마이 호텔 근처(리스트레토 랩), 15/3 님만해민 로드(리스트레토)
오픈 08:30~19:00
휴무 화요일
요금 사탄라테 98B, 샤케라또 128B, 플랫화이트 88B
전화 053-215-278
홈피 www.facebook.com/ristr8to

CAFE

라이브러리 커피 샐러드바 & 카페

Library Coffee Salad Bar & Cafe

1층의 샐러드바를 무료로 이용할 수 있는 샐러드 카페 & 레스토랑이지만 음료와 디저트를 즐기며 책을 읽어도 좋다. 한쪽 발을 들고 춤을 추는 고양이 조형물이 있는 정원에는 컬러풀한 테이블과 의자를 두어 경쾌한 느낌을 살렸고, 왼편에 작은 도서관이 있다. 한쪽 벽면은 온통 책, 또 한쪽은 통유리로 되어 있다. 조용히 혼자 책을 읽거나 작업하면 좋을 카페다.

지도 p.112-F
위치 님만해민 소이 5 로드 중간
주소 16/21 Soi 5 Suthep
오픈 10:00~22:00
휴무 연중무휴
요금 커피 메뉴 65~100B,
주스 75~100B, 토스트 120B
전화 053-895-678

CAFE

더 라더 카페 & 바

The larder Cafe & Bar

위치로 보나 카페 외관으로 보나 그다지 특징이 있는 카페는 아닌 듯한데 안쪽 실내 테이블이나 야외 테라스까지 손님들로 꽉 차 있다. 알고 보면 이곳은 맛있는 빵에 싱싱한 식재료를 얹은 샌드위치로 유명한 작은 카페다. 특히 바삭한 바게트 위에 크림치즈와 훈제 연어를 얹은 오픈 샌드위치는 한입 무는 순간 눈이 번쩍 뜨일 정도로 맛있다. 오픈 샌드위치나 토스트처럼 조리가 필요한 메뉴는 오후 2시까지만 주문을 받고 3시면 문을 닫는다.

지도 p.112-F
위치 까이양 청더이 건너편
주소 3/9 Sukkasem Rd, Suthep
오픈 08:30~15:00
휴무 연중무휴
요금 훈제연어 오픈 샐러드 185B, 플랫화이트 커피 70B
전화 052-001-594

CAFE

구 퓨전 로띠 & 티

Guu Fusion Roti & Tea

치앙마이에 바나나 로띠만 있는 것이 아니다. 구 퓨전 로띠는 길거리에서 파는 로띠의 업그레이드 버전. 로띠로 얼마나 다양한 메뉴를 만들 수 있는지 실감하게 된다. 과일, 치즈, 초콜릿, 버터, 치킨커리 로띠도 있다. 로띠 뿐만 아니라 파스타 같은 가벼운 식사 메뉴도 갖추고 있으며, 함께 곁들이는 커피와 차를 비롯한 음료도 다양하다. 타이 푸드가 살짝 싫증 날 때 로띠로 한 끼 식사를 해결하는 것도 좋다. 소이 3 입구에 위치한 님만해민 지점은 워낙 눈에 잘 띄는 위치. 창푸악 JJ 러스틱 야외 마켓 안에 또 다른 지점이 있다.

지도 p.112-F
위치 님만해민 소이 3 입구
주소 Nimmanhaemin Soi 3
오픈 09:30~01:30 **휴무** 연중무휴
요금 로띠 45~119B, 음료 60~75B **전화** 082-898-8992

CAFE

더 반 : 이터리 & 디자인

The Barn: Eatery & Design

건축을 전공한 치앙마이 대학생들이 디자인한 카페로 알려져 있다. 님만해민의 다소 번잡한 시내에서 떨어진 왓 쑤안독 근처에 위치해 분위기도 한적하다. 삼각형의 지붕을 얹은 심플한 창고형의 카페는 자전거 같은 생활 소품이나 드럼통으로 만든 테이블 등 주위에서 얻을 수 있는 것을 활용한 아이디어가 돋보인다. 새벽 1시까지 운영하므로 오래 머물러도 부담 없고 밤이 깊어질수록 더욱 아늑해지는 쉼터 같은 공간으로 음식값도 착하다.

지도 p.66-E
위치 왓 쑤언독 근처
주소 Srivichai Soi 5, Thesaban Nakhon
오픈 10:00~01:00
휴무 연중무휴
요금 커피 70B, 페스토 스파게티 89B
전화 095-049-0294

CAFE

더 바리소텔

The Barisotel

바리소텔은 '바리스타 + 호텔'로 온통 화이트로 꾸민 카페 & 호텔이다. 화이트 컬러는 '무조건 반은 먹고 들어간다는' 실패율이 적은 컬러. 그럼에도 불구하고 올 화이트로 꾸민 집이 의외로 드물다. 그래선지 온통 화이트인 이 카페에 들어서면 묘한 긴장감과 더불어 사차원의 공간에 놓인 듯한 묘한 느낌도 든다. 커피 한 방울 흘리면 안 될 것 같은 깔끔한, 하지만 묘한 매력이 있다. 커피와 디저트, 사진놀이하기 좋은 감각적인 공간.

지도 p.112-F
위치 님만해민 소이 9 안쪽 골목, 몬트놈쏫 근처
주소 7/2 Soi 9 Nimmanhaemin Rd
오픈 08:00~20:00
휴무 연중무휴
전화 092-545-8855

CAFE

코튼트리 커피

Cottontree coffee

선한 인상의 젊은 커플이 운영한다. 마야 쇼핑몰에서 슈퍼 하이웨이 방향으로 몇 분 거리에 있는 그린힐 콘도 안쪽에 위치해 있다. 화이트 & 블랙 콘셉트로 꾸미고 나무 테이블을 놓은 카페는 모던하고 감각적이다. 핸드드립, 싸이폰, 에어로프레스 등 다양한 기구를 이용해 커피를 내린다. 치앙마이 매탱에서 생산된 생두를 직접 로스팅해 싱글 오리진 에스프레소를 뽑아낸다. 더치커피도 마실 수 있는데 따로 병에 담아 판매도 한다. 커피와 곁들일 수 있는 아침에 구운 크루아상이나 쿠키, 베이글 샌드위치 등 사이드 메뉴도 갖추고 있다. 특히 달기를 조절할 수 있는 타이 스타일 커피와 신선한 자스민 그린티도 맛있다. 원두와 허브티, 법랑 머그나 주전자도 함께 판매하니 커피가 나오기를 기다리면서 구경해보자.

지도 p.112-B
위치 마야 쇼핑몰 근처 그린힐 콘도 내
주소 Chang Phueak
오픈 09:00~16:00
휴무 화요일
요금 아이스 아메리카노 75B, 타이티(차옌) 65B, 베이글 샌드위치 45~85B
전화 086-090-9014
홈피 www.facebook.com/Cottontree coffee & cafe

CAFE

테이스트 카페

Taste Cafe

치앙마이 대학교 아트센터에서 멀지 않은 님만해민 끄트머리에 위치해 있다. 분위기도 깔끔하고 군더더기 없는 인테리어가 편안함을 준다. 치앙마이 대학교 근처라 대학생들이 주로 찾아와 노트북 작업을 하거나 공부하는 분위기다. 창가 자리엔 일본어 무료 계간지인 〈Lanna Runna〉나 커피 관련 잡지를 놓아두어 커피를 마시면서 한 템포 쉬어가기 좋다. 책 한 권 들고 가서 오래 머물고 싶어지는 카페다.

지도 p.112-I
위치 치앙마이 대학교 컨벤션 센터 근처
주소 2 Chiang Rai Rd
오픈 08:00~19:00
휴무 연중무휴
요금 블랙 커피 55~85B, 화이트 커피 55B
전화 091-076-7600

CAFE

아카아마 커피

Akha Ama Coffee

'아카족 어머니'라는 뜻의 상호처럼 아카족 어머니들이 재배하고 수작업을 통해 얻은 아라비카 원두로 맛있는 커피를 추출한다. 아카족인 20대 청년이 만든 사회적 기업 카페로, 카페에서 나오는 판매 대금의 일정 부분은 고산족을 지원하는 데 쓰인다. 에스프레소 커피를 비롯하여 우유를 더한 라테 메뉴가 있고, 스페셜티 원두로 내린 드립커피도 있다. 자가 로스팅으로 다양하게 배전된 원두도 판매한다. 커피 마니아라면 치앙마이 원두는 꼭 챙기길 권한다. 원두 구입 시에는 배전 강도가 다른 원두 샘플의 냄새를 직접 맡아본 후 자신의 취향에 맞는 것을 주문한다. 쌉쌀한 스모키향을 좋아한다면 풀시티 로스트를 선택하자. 원두 1kg이 600바트(2만 원 내외)로 한국에 비해서도 저렴하다. 왓 프라씽 근처의 올드타운점과 창푸악점, 두 군데가 있다.

지도 p.113-D
주소 9/1 Mata Apartment Hussadhisawee Rd, Soi 3, Chang Phuak(창푸악점)
오픈 08:00~18:00 **휴무** 수요일
요금 에스프레소 40B, 타이스타일 아이스커피 50B, 핸드드립 70~756B

CAFE

옴브라 카페

Ombra Cafe

막다른 곳에 위치해 조용하고 감각적인 피우르 오텔 1층의 카페다. 벽돌과 나무를 베이스로 한 공간에 빈티지한 소품들로 구석구석을 장식해 놓았다. 아침에는 이 부티크 호텔에 머무는 게스트들이 식사하는 공간이면서 이후에는 이런 분위기를 좋아하는 이들이 찾는다. 주인장의 숨결이 느껴질 듯한 빈티지한 물건을 구경하는 재미가 꽤 쏠쏠하다. 게스트를 위한 조식도 유료로 맛볼 수 있다.

지도 p.113-G
위치 피우르 오텔 1층
주소 21/8 Ratchaphuek Rd
오픈 08:00~22:00
휴무 연중무휴
요금 커피 60B, 피우르식 조식 120B
전화 085-417-9449

CAFE

소드 카페

Sode Cafe

치앙마이 대학교 후문에 위치한 대학생들의 아지트다. 넉넉한 공간이 있어 여럿이 가서 이야기꽃을 피워도 부담 없는 편안한 분위기로 지나가던 길거리 강아지도 이 카페에 와서 쉬었다 간다. 에어컨이 없는 오픈 에어 카페로 나무와 초록 식물 화분들을 빽빽이 들여놓아 마치 숲속 카페 분위기가 난다. 와이파이도 무제한 이용할 수 있어 오래 앉아 노트북 작업을 하기에 좋고, 무엇보다도 음료의 가격이 착하다. 커피나 티, 우유 모두 핫, 콜드, 프라페로 즐길 수 있다.

지도 p.66-E
위치 치앙마이 대학교 후문 쪽
주소 Suthep Rd
오픈 10:00~22:00
휴무 연중무휴
요금 커피 메뉴 30~45B, 티 메뉴 25~45B

CAFE

택시더미

Taxidermy

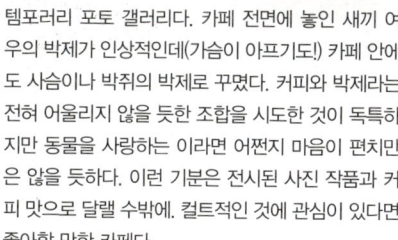

박제를 의미하는 '택시더미'. 카페의 이름처럼 박제를 콘셉트로 하여 꾸민 카페 겸 컨템포러리 포토 갤러리다. 카페 전면에 놓인 새끼 여우의 박제가 인상적인데(가슴이 아프기도!) 카페 안에도 사슴이나 박쥐의 박제로 꾸몄다. 커피와 박제라는 전혀 어울리지 않을 듯한 조합을 시도한 것이 독특하지만 동물을 사랑하는 이라면 어쩐지 마음이 편치만은 않을 듯하다. 이런 기분은 전시된 사진 작품과 커피 맛으로 달랠 수밖에. 컬트적인 것에 관심이 있다면 좋아할 만한 카페다.

지도 p.66-E
위치 치앙마이 국제공항 북쪽, 똔파욤 마켓 근처
주소 Su Thep
오픈 11:00~20:00
휴무 월요일
요금 에스프레소 40~60B, 아이스커피 60B
전화 083-134-7970

CAFE

러스틱 & 블루팜 숍

Rustic & Blue Farm Shop

정원 카페에서 브런치를 즐기는 치앙마이 여행의 로망을 실현시키기 좋은 비스트로 카페다. 빈티지한 나무 가구와 자연친화적인 인테리어로 편안하게 꾸민 실내와 뒷문으로 연결되는 정원 중 편한 곳에 자리를 잡고 앉아보자. 메뉴판은 싱싱한 재료를 이용한 건강한 브런치 메뉴로 가득하다. 바삭한 크루아상 위에 달걀, 베이컨, 아보카도, 고구마 등을 얹은 에그 베네딕트나 호주식으로 '브래키 스택'이라고 부르는 토스트, 메이플 베이컨으로 구성한 브랙퍼스트 등 가벼운 메뉴에서부터 약간은 헤비한 메뉴까지 다양한 편. 베리와 바나나를 갈아낸 스무디나 요구르트에 핸드메이드 그래놀라를 얹은 바나나 스무디를 곁들여도 좋다. 직접 블랜딩한 티도 갖추고 있어 취향에 따라 고를 수 있으며 포장된 제품을 구입할 수도 있다.

지도 p.112-F
위치 님만해민 소이 7
주소 De Marche, Nimman Soi 7
오픈 월~금요일 08:30~21:00, 토~일요일 08:30~22:00
휴무 연중무휴
요금 브래키 스택 195B, 스무디 130~160B
전화 086-654-7178

SPA

님만하우스 마사지

Nimman House Massage

수염틸란을 비롯한 초록초록한 나무 화분으로 장식한 입구에서부터 기분이 상쾌해진다. 내부는 터키시블루를 베이스로 한 타이 스타일로 꾸며 신비스러운 느낌을 준다. 적당히 부드러운 타이 마사지 스타일을 구사하며 스태프들도 친절하고 착한 가격을 고수하고 있어 좋은 평을 얻고 있다. 맞춤법은 어색하지만 한국어판 패키지 메뉴판을 가져다주는데 커플 요금이 있어 둘이 가면 할인된 가격으로 서비스받을 수 있다. 이 마사지숍은 일반 타이 마사지와 신경을 따라 터치하는 너브 터치 마사지가 따로 있다. 특별히 당기거나 뭉친 부위가 있다면 너브 터치 마사지를 받아보자. 또한 땡볕 아래 걸어 다니느라 피부가 거칠어졌다 생각될 때는 페이스 마사지를 받아보는 것도 좋겠다.

지도 p.112-J
위치 님만해민 중앙로 웜업 카페 건너편 골목
주소 58/8 Nimmanhaemin Rd
오픈 10:00~00:00
요금 타이 마사지 250B, 풋 마사지(60분) 250B, 너브 터치 마사지(60분) 350B
전화 053-218-109

SPA

아티스트 마사지 & 스파

The Artist Massage & Spa

님만해민 큰 도롯가에 위치해 있어 오다가다 눈에 띄는 곳이다. 마사지숍에 대한 특별한 정보가 없을 때 경험 삼아 들러봐도 괜찮다. 마사지가 처음이라면 풋 마사지를 먼저 시도해보고, 마음에 들면 타이 마사지를 받아보는 것도 괜찮다. 특별히 근육이 뭉친 곳이 있다면 마사지사에게 타이 밤을 발라 달라고 부탁해보자. 만족도가 높다면 50~100바트의 팁도 잊지 말자. 마사지는 무난한 편이다.

지도 p.112-F
위치 님만해민 중앙로, 소이 3 입구 맞은편
주소 Nimmanhaemin Rd Soi 3
오픈 10:00~00:00
요금 타이 마사지(60분) 250B, 풋 마사지(60분) 250B, 패키지 600~700B
전화 085-041-4515

SPA

라파스 마사지

Lapas Massage

가정집 같은 분위기 속에서 손님이 원하는 마사지 취향을 잘 반영한다는 평을 듣는 마사지숍이다. 부드럽게 혹은 세게, 뭉친 근육을 타이 밤으로 풀어주기도 한다. 타이 마사지, 풋 마사지, 등과 어깨, 머리 마사지와 함께 허브볼 핫 컴프레스 마사지나 아로마 오일 마사지, 페이셜 트리트먼트 등을 패키지로 묶은 2시간짜리 프로그램도 인기 있다. 전체적으로 가성비가 좋은 마사지 숍이다.

지도 p.112-F
위치 님만해민 소이 7
주소 17 soi 7, Nimmanhaemin, Suthep
오픈 10:00~22:00
요금 타이 마사지(60분) 250B, 풋 마사지(60분) 250B, 패키지 1000B
전화 089-955-6679

SPA

아리사라 마사지

Arisara Massage

님만해민을 걷다가 눈에 띄는 소이 1 입구에 위치한 아리사라 마사지숍은 접근성이 좋은 편이다. 숍 자체도 화려한 건물이라 눈에 확 띄는데 여느 마사지 숍과 다른 것은 남자 마사지사도 있다는 점. 혹시 부담이 된다면 여자 마사지사로 배정해달라고 미리 말하자. 마사지는 무난한 편으로 님만해민 메인 도로 근처에서 마사지 받고 싶을 때 괜찮다.

지도 p.112-F
위치 님만해민 소이 1 입구
주소 Nimmanhaemin Rd Soi 1
오픈 10:00~00:00
요금 타이 마사지(60분) 300B, 풋 마사지(60분) 300B
전화 053-895-059

STAYING

피우르 오텔

Pyur Otel

님만해민과 인접한 동네인 산티탐의 막다른 골목에 위치해 있어 소음으로부터 안전하다. 빈티지로 무장한 1층의 옴브라 카페만 봐도 피우르 오텔의 오너가 숙소는 또 어떻게 꾸몄을까 궁금해진다. 카페의 리셉션에서 디포짓한 후 체크인한다. 숙소는 2층부터 시작되는데 트렁크를 들고 좁은 계단을 올라가야 한다. 심플하게 침대와 욕실로 구성되어 있으며 도회적인 그레이나 화이트 컬러를 베이스로 한 인테리어의 세련미가 돋보인다. 객실은 욕실이 딸린 더블룸과 공동욕실을 사용하는 스튜디오, 그리고 5베드 혼성 도미토리가 있다. 더블룸에는 침대 헤드 위쪽 벽면을 가수 커트 코베인이나 혁명가 체 게바라의 초상화로, 도미토리룸은 아티스트를 묘사한 벽화로 꾸몄다. 아메리칸 스타일과 타이 스타일을 조합하여 매일 다르게 제공하는 조식을 옴브라 카페에서 맛보거나, 햇살 좋은 바깥쪽 테이블에서도 즐길 수 있다.

지도 p.113-G
위치 깟 쑤언 깨우 건너편 산티탐 초입 치앙마이 롯지 골목 끝
주소 21/8 Ratchaphuek Rd, T.Chang Phuak
요금 스튜디오 860B, 스탠더드 1000B(비수기 주말 기준, 조식 포함)
전화 085-417-9449
홈피 www.facebook.com/pyur.otel

STAYING

베드 님만 호텔

BED Nimman Hotel

님만해민 골목의 끝에 위치해 있으며 외관과 객실이 매우 깔끔하고 도회적인 느낌이다. 대형 호텔은 아니지만 엘리베이터와 테라스가 있는 부티크 호텔로 꼽을 수 있다. 로비와 각층 복도마다 생수와 과일을 준비해두어 서비스 마인드를 느끼게 하며, 관리가 잘 되는 멋진 풀장도 있다. 조식도 아메리칸 스타일과 아시안 스타일을 골라 먹도록 했다. 지역 특성상 다소 항공기 소음이 있으므로 참고할 것.

지도 p.112-J
위치 호텔 야이 건너편
주소 20 Soi Jum Phee Sirimangkalajarn Rd (Nimman Soi 17)
요금 스탠더드 1860B, 스탠더드 트리플 2660B (비수기 주말 기준, 조식 포함)
전화 053-217-100
홈피 www.facebook.com/bednimman.thailand

STAYING

룸 넘버 세븐

Room No.7

2016년 8월에 오픈한 작은 규모의 신축 호텔이다. 러스틱 & 블루팜 숍 바로 앞에 위치해 있는데 간판에 'ROOM'이라는 단어가 들어가 있음에도 불구하고 이곳의 정체성에 고개를 갸우뚱하게 되는 것은 아마도 호텔 앞에 버티고 서 있는 두 개의 대형 베어브릭 때문일 것이다. 객실마다 발코니가 있으며, 님만해민 어디로든 걸어갈 수 있는 좋은 위치와 군더더기 없이 꾸민 객실이 숙소로서 크게 부족함 없어 보인다. 매일 달라지는 다양한 메뉴의 조식이 제공된다.

지도 p.112-F
위치 님만해민 소이 7, 러스틱 & 블루팜 숍 맞은편
요금 스탠더드 1700B(비수기 주말 기준)
전화 052-060-797
홈피 www.facebook.com/RoomNo7Hotel

STAYING

호텔 야이

Hotel Yayee

태국의 스타이자 아티스트가 오너인 호텔 '야이'는 태국어로 '달링'이라는 뜻. 셰비 시크 스타일로 단장한 정문부터 매우 여성적이고 우아한 느낌이다. 객실은 스몰룸과 테라스가 있는 빅룸 두 가지 타입이다. 1층에는 조식을 먹을 수 있는 카페가 있고 꼭대기 층에는 칵테일을 마시며 야경을 즐길 수 있는 분위기 좋은 루프탑 바도 갖추었다. 한국인 여행자보다는 현지인이나 중국인 관광객들이 선호하는 편이다.

지도 p.112-J
위치 베드 님만 호텔 건너편
주소 17/4-6 Soi Sai Nam Phueng, T.Suthep
요금 스몰룸 3250B, 빅룸 3840B(비수기 주말 기준)
전화 099-269-5885
홈피 www.hotelyayee.com

STAYING

칸타리 힐즈

Kantary Hills

아이를 동반한 한국인 가족 여행자들 사이에서 매우 인기 좋은 서비스드 아파트먼트이다. 님만해민 메인 로드에서 약간 들어간 골목에 위치해 있어서 번잡하지 않고, 이곳 또한 비행기 소음에서 자유롭지는 못하지만 워낙 다른 부분에서의 만족도가 높아 그 단점을 상쇄하고도 남음이 있다. 객실은 냉장고와 세탁기가 갖춰진 간이 주방과 빨래를 널 수 있는 발코니, 깔끔한 거실과 욕실 등 꼼꼼한 주부에게도 높은 점수를 얻을 만큼 편리하게 세팅되어 있다. 무엇보다도 관리가 잘 된 널찍한 수영장만으로도 이곳에 묵을 가치가 있다. 뷔페식으로 제공되는 조식도 만족도가 높다. 가장 작은 크기의 스튜디오와 1베드룸, 2베드룸이 있으며, 단기나 장기 투숙 모두 가능하다.

지도 p.112-E
위치 님만해민 소이 12
주소 44 Nimmanhaemin Rd, Suthep
요금 스튜디오 스위트 2660B, 1베드룸 스위트 3250B
(비수기 주말 기준, 조식 포함)
전화 053-223-244
홈피 www.kantarycollection.com

STAYING

지에스타 비앤비

Zzziesta B&B

창푸악 YMCA 근처 골목에 위치한 B&B다. 노출 콘크리트와 목재가 조화를 이룬 세련된 지에스타 비앤비는 이곳의 마스코트 같은 민트 컬러의 폭스바겐과 어우러져 대형 호텔에는 없는 그만의 매력을 뿜어낸다. 객실이 10개쯤으로 아담한 규모에 걸맞은 가족적인 스태프들의 서비스와 머물기 편안한 객실이라는 평. 아메리칸, 란나, 컨티낸털 스타일 등 세 가지 조식 가운데 선택할 수 있으며, 내추럴한 분위기의 카페가 있다. 조용하고 따뜻한 분위기의 숙소에서 머물고 싶을 때 선택하고 싶은 그런 공간이다.

지도 p.113-H
위치 창푸악 YMCA 근처
주소 22/1 Soi. Mengrairassamee, Suermsuk Rd, T.Chang Phuak
요금 스탠더드 2070B, 디럭스 2500B (비수기 주말 기준, 조식 포함)
전화 098-808-9406
홈피 www.facebook.com/ZzziestaChiangmai

STAYING

수안도이 하우스

Suan Doi House

초록초록한 식물로 가득 덮인 입구부터 식물원 같다. 구관조가 여러 나라 말로 인사하고 이 집 가족인 하얀 고양이 두어 마리가 정글을 누비듯 수안도이 하우스를 어슬렁거린다. 오픈한 지 오래되어 약간 낡은 느낌은 있지만 소녀 취향의 룸은 마치 '작은 아씨들'의 방 같다. 마야 쇼핑몰에서 걸어갈 만큼 가까이 있는데도 이곳이 시내에 위치해 있다는 걸 깜박 잊을 만큼 이질적인 분위기다. 저렴한 가격에 좋은 위치, 독특한 분위기에서 하룻밤 머무르고 싶다면 괜찮은 선택이다.

지도 p.113-C
위치 마야 쇼핑몰 부근
주소 5 Soi Charntrasup, Huay Kaew Rd
요금 프루엑사룸 1050B, 부사바룸 1500B (비수기 주말 기준, 조식 포함)
전화 053-221-869
홈피 www.suandoihouse.net

STAYING

비투 그린

B2 Green

치앙마이에 B2 계열의 숙소가 여러 가지인데 B2 그린은 그 가운데 가장 최근에 지어진 숙소다. 창푸악의 산티탐 골목에 위치해서 좀 외진 듯한 점만 접고 들어간다면, 비즈니스 호텔로 흠잡을 데 없다. 군더더기 없이 실용적인 객실, 조용한 환경, 빵빵한 에어컨, 엘리베이터, 와이파이, 그리고 저렴한 가격. 거품을 뺀 만큼 가격 또한 착해서 비수기 때는 욕실 딸린 2인실이 호스텔 가격으로 제공된다. 단, 헤어드라이어가 없으니 미리 챙겨 가자.

지도 p.113-H
위치 창푸악 산티탐 골목
주소 24 Soi Meangrairassamee, Sermsook Rd, Chang Phuak
요금 수페리어룸 480B, 디럭스룸 530B(비수기 주말 기준)
전화 053-225-444
홈피 www.B2hotel.com

STAYING

반맥 호스텔

Baan Mek Hostel

자연스럽게 낡아가는 목재로 꾸민 입구와 따스한 백열등을 밝힌 안쪽의 카페. 반맥 호스텔은 바로 옆의 투갤스 앤 더 피그 호스텔과 함께 밤에 보면 더욱 예뻐 보이는 숙소다. 이 따스함에 끌려 이곳에 묵고 싶어 하는 여행자들이 줄을 잇는다. 위치도 좋고, 무엇보다 정갈한 일본풍을 잘 살렸다. 1인실도 있어 혼자만의 공간을 원할 때 딱 좋으나 다소 좁다는 것, 일본집의 특성인지 방음이 잘 되지 않는 것은 흠. 그럼에도 불구하고 하루쯤 묵어가고 싶은 유혹은 꽤 강하다.

지도 p.112-J
위치 님만해민 소이 15
주소 Nimmana Haeminda Rd Lane 15, Tambon Su Thep
요금 싱글룸(공용 욕실) 345B(비수기 주말 기준)
전화 094-635-5102
홈피 www.baanmekhostel.com

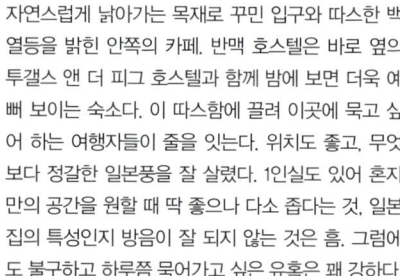

STAYING

투갤스 앤 더 피그

2 Gals and the Pig

규모는 작아 보이지만 깔끔하고 스타일리시한 호스텔이다. 바로 옆의 반맥 호스텔이 '일본풍'이라면 이 호스텔은 최대한 장식을 자제한 '미니멀리즘'이 돋보인다. 개인 욕실이 있는 싱글룸도 있고 싱글 침대 세 개를 나란히 놓은 패밀리룸은 친구들끼리 이용하면 좋을 다락방 느낌이다. 젊은 여행자들이 선호할 만한 호스텔로 좋은 위치와 저렴한 가격도 장점이다.

지도 p.112-J
위치 반맥 호스텔 바로 옆
주소 Nimmana Haeminda Rd Lane 15, Tambon Su Thep
요금 스탠더드룸 815B, 10베드 도미토리 350B
(비수기 주말 기준)
전화 097-001-2369
홈피 www.facebook.com/twogalsandthepig

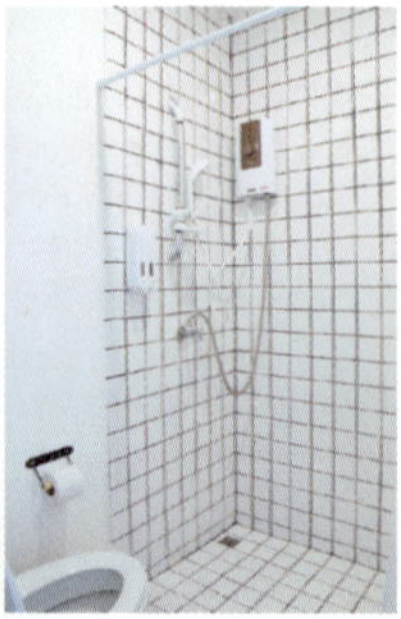

STAYING

베드애딕트 호스텔 & 카페

Bed Addict Hostel & Cafe

님만해민 메인 도롯가에 위치해 있어서 님만해민을 중심으로 홀로 여행할 때 편리하다. 바깥쪽에서 보면 좁고 길쭉한 3층 건물로 8베드와 10베드 혼성 도미토리만 운영한다. 나무를 베이스로 심플하게 꾸며 내추럴하면서도 모던한 느낌을 살렸는데, 건물 자체가 좁아서 도미토리도 다소 좁게 느껴진다. 1층 카페는 노트북 작업도 하고 가벼운 간식을 사와서 먹어도 부담 없는 분위기다.

지도 p.112-B
위치 님만해민 중앙로
주소 6/11 Nimmanahaeminda Rd, Suthep
요금 도미토리 307B (비수기 주말 기준)
전화 063-251-995
홈피 www.facebook.com/bedaddicthostel

STAYING

더 포즈 호스텔

The Pause Hostel

도미토리, 욕실이 있는 프라이빗룸, 공동욕실을 사용하는 싱글룸, 패밀리룸 등 다양한 형태의 객실을 운영하고 있다. 백패커들이 부담 없이 머무르기 좋은 호스텔로 사물함이나 빨래 너는 공간, 프라이빗한 공간을 유지할 수 있는 개별 커튼 등 여행자를 위한 소소한 배려가 돋보인다. 1층에 카페 겸 휴식 공간이 있고 옥상 테라스가 있다. 주변에 걸어서 갈 만한 카페와 맛집들이 많아서 오래 머물면서 아지트로 삼기 좋은 위치에 있다.

지도 p.112-J
위치 님만해민 소이 17
주소 10/6, Nimmana Haeminda Rd, Soi 17, Tambon Su Thep
요금 스탠더드룸(공용욕실) 710B (비수기 주말 기준)
전화 052-003-301
홈피 www.facebook.com/thepausehostel

STAYING

미소네 호텔

Mosone Hotel

1층은 한인 식당이고 2층부터 10베드 도미토리와 싱글룸, 스탠더드룸, 그리고 패밀리룸이 있다. 치앙마이에 자리 잡은 지 오래인 터줏대감으로 통하기 때문에 이곳에 머물면서 치앙마이 여행에 대한 조언을 얻기도 편리하다. 깔끔하게 관리되고 있으나 방음에 좀 취약한 면이 있다. 치앙마이 투어 상품을 판매하는 여행사를 겸하며, 한식으로 차려내는 점심 뷔페도 운영한다.

지도 p.112-F
위치 님만해민 소이 11
주소 36/1, 36/2 Nimmanhaemin Soi 11 Suthep
요금 스탠더드 920B, 도미토리 220B (비수기 주말 기준, 조식 포함)
전화 084-045-7361

님만해민에서 약간 떨어진,
하지만 묵어볼 만한 리조트

STAYING

베란다 치앙마이-더 하이 리조트

Veranda Chiang Mai - The High Resort

치앙마이 외곽인 항동의 깊은 산 속에 위치하고 있다. 치앙마이 국제공항에서도 차로 20분 이상 달려야 하고, 님만해민이나 나이트바자 쪽에서는 하루 세 번 운영하는 셔틀버스를 이용하거나 택시를 불러 타고 가야 한다. 우주선처럼 생긴 리셉션과 신비감을 더해주는 레스토랑 앞의 수영장, 널찍하다 못해 동선이 불편해질 정도의 넉넉한 객실 공간은 품격과 럭셔리함의 극치. 그뿐만 아니라 스파, 레스토랑, 바, 도서관, 키즈클럽, 액티비티 등 리조트 안에만 머물러도 지루하지 않을 정도로 다양한 부대시설을 자랑한다. 관광이 아닌 휴양을 위해서는 더할 나위 없이 완벽한 공간으로 신혼여행이나 아이를 포함한 가족 여행자에게 특히 추천할 만하다. 이 리조트를 즐기는 방법은 여러 가지겠지만 그저 느지막이 일어나 브런치를 즐기고 수영하고 책도 읽다가 밤이 되면 풀벌레 소리를 백뮤직 삼아 와인 한잔 기울이며 푹 쉬는 것도 괜찮을 듯.

지도 p.66-I
위치 님만해민의 남서쪽 항동
주소 192 Moo2 Banpong Hangdong
요금 디럭스 킹베드 7500B,
프레지덴셜 풀빌라 32500B
(비수기 주말 기준, 조식 포함)
전화 053-365-007
홈피 www.verandaresort.com

STAYING

포시즌즈 리조트 치앙마이

Four Seasons Resort Chiang Mai

왕과 왕비가 된 듯한 하룻밤! 지상 최고의 파라다이스! 포시즌즈 리조트 치앙마이에서 시간을 보낸 이라면 누구나 이런 감탄사를 토해낸다. 포시즌즈 리조트는 치앙마이 외곽의 매림 지역에 조성한 대단위 자연친화형 리조트다. 아름다운 자연이 주는 평온함이 가득한 공간에 전통 태국 스타일 객실과 가옥들, 그리고 잘 가꾸어진 정원은 아무것도 하지 않고 앉아만 있어도 힐링이 된다. 이 리조트 단지는 논을 중심에 둔 파빌리온 객실과 가든 쪽의 프라이빗 레지던스, 풀빌라 등 총 98개의 객실로 구성되어 있다. 무엇인가 하고 싶다면 무료로 진행되는 모내기 체험과 리조트 가든 투어를 신청해보자. 시장 투어와 함께 진행되는 쿠킹 클래스를 선택해도 즐거운 시간을 보낼 수 있다. 혹은 머리를 비우고 그냥 릴랙스하는 것만으로 큰 만족을 얻기도 한다. 정원과 스파에서 시간을 보낸 다음 레스토랑에서 식사하고 풀 사이드 바에서 와인을 마시며 시간을 보낸다. 포 시즌즈 리조트에서 머물렀던 투숙객들은 한결같이 입을 모아 무엇이든 도와주는 숙련된 스태프를 최고로 꼽는다. 고객 한 사람 한 사람의 니즈를 정확히 파악하는 스태프들의 맞춤형 서비스야말로 이곳을 다시 찾게 만드는 이유인지도 모른다.

지도 p.66-A
위치 님만해민의 북서쪽 매림
주소 Mae Rim-Samoeng Old Road, Tambon Rim Tai
요금 가든 파빌리온 22800B, 풀빌라 35000B
(비수기 주말 기준)
전화 053-298-190
홈피 www.fourseasons.com/chiangmai

STAYING

호시하나 빌리지

Hoshihana Village

이너프 포 라이프와 함께 우리나라의 젊은 여성들이 좋아하는 인스타 감성을 자극하는 숙소다. 일본 영화 〈수영장〉의 주 촬영지로 워낙 강렬한 인상을 남겨 주로 일본인들이 많이 찾아왔는데 요사이 한국 여행자들도 부쩍 늘었다. 이탈리아의 디자이너 조르지오 아르마니와 일본인 디자이너가 뜻을 모아 조성했다는 1만㎡의 넓은 부지에는 잘 관리된 정원과 독립적으로 떨어져 있는 7채의 코티지가 있다. 한국인 여행자들이 선호하는 룸은 반롬사이 자원 봉사자들이 지은 아프리카 스타일의 코티지다. 미리 식사를 신청해 놓으면 야외 테이블에 세팅해 준다. 한적한 시골에 위치해 있어서 고양이나 작은 동물들이 돌아다닌다. 곤충도 많고 모기도 있으므로 모기 퇴치제를 준비하자. 예약은 홈페이지에서 식사, 픽업 등을 포함한 질문 사항을 체크해서 메일을 보내 응답을 얻어야 마무리된다.

지도 p.66-I
위치 님만해민의 남서쪽 항동
주소 211 Moo 3 T.Namprae, A.Hangdong
요금 클레이코티지 2000B **전화** 063-158-4126
홈피 www.hoshihana-village.org

RESTAURANTS

호시하나 빌리지 런치

Hoshihana Village Lunch

항동에 위치한 호시하나 빌리지는 기본적으로 숙박을 예약하지 않으면 내부를 방문할 수 없다. 하지만 숙소 예약 없이 들르고 싶거나 이곳에서 맛있는 한 끼를 맛보고 싶다면, 런치를 예약하면 된다. 런치는 토 · 일요일에만 가능한데 미리 메일을 보내 예약해야 하고, 현장에서 메뉴판을 보고 메뉴를 결정한다. 신선하고 건강에 좋은 유기농 재료를 사용해서 요리 연구가의 특별 레시피로 만든 메뉴와 음료가 있는데, 국수류와 커리, 팟타이와 샐러드 등이 함께 나오는 세트 메뉴가 무난하다. 평화로움 가득한 야외 코티지 테이블에서 맛보는 음식이라 그런지 맛도 좋다.

지도 p.66-I
위치 호시하나 빌리지 내
주소 211 Moo 3 T.Namprae, A.Hangdong
오픈 토 · 일요일 11:30~14:00
요금 세트 메뉴 230B, 샐러드 120B, 음료 50~140B
전화 063-158-4126
홈피 www.hoshihana-village.org

SHOPPING

호시하나 빌리지 숍

Hoshihana Village Shop

에이즈 보균자 청소년들의 자립을 지원하는 생활 공동체인 반롬사이에서 운영하는 숍으로 호시하나 빌리지 리셉션 건물 맞은편에 있다. 톡톡한 면 원단을 이용해 심플한 디자인으로 고급스러움을 살린 옷들은 단아한 느낌의 숍과 잘 어울린다. 일본 디자이너의 작품이라 그런지 어딘지 일본 느낌도 풍기는 호시하나 룩이랄까. 옷 외에 가방이나 신발도 판매하는데 모두 고산족 여성들과 반롬사이 청소년들이 함께 만든 제품으로 수익금 전액은 반롬사이를 지원하는 일에 쓰인다.

지도 p.66-I
위치 호시하나 빌리지 리셉션 건물 앞
주소 211 Moo 3, T. Namprae, A. Hangdong
오픈 09:00~17:00
전화 098-779-3971
홈피 www.hoshihana-village.org

Night Bazaar & Ping river

나이트바자 & 삥강

불야성을 이루는 쇼핑 천국과 강변의 무드

몇 년 전만 해도 올드타운 다음으로 손꼽히던 나이트바자와 삥강 주변. 요즘은 핫스폿으로 무장한 님만해민에 다소 밀리는 느낌이지만, 밤마다 불야성을 이루는 상설 야시장인 나이트바자와 삥강을 낀 무드 있는 레스토랑은 여전히 압도적인 매력이다. 나이트바자는 선데이 마켓보다 약간 비싸긴 하지만 매일 열리는 시장이라 주말에 치앙마이에 머물 수 없을 때 훌륭한 대안이 된다. 이외에도 라이브 공연이 열리는 쁠룬루디 마켓이나 먹거리가 넘치는 아누싼 마켓도 활기 넘치고, 강가의 유명 레스토랑은 저녁 식사를 겸해 술잔을 기울이기에 좋다.

나이트바자 & 삥강
Night Bazaar & Ping River
0
100m
TCDC 디자인센터 Thailand Creative & Design Center Chiang Mai
JJ 마켓 Jing Jai Market
딥디 스시 카페 Dib Dee Sushi Cafe
더 바리스토로 바이구 The Baristo By Guu
도이퉁 커피 Doitung Coffee
Wichayanon Rd
러스틱 리버 부티크 Rustic River Boutique
호텔 데 자티스트 핑 실루엣 Hotel des Artists Ping Silhouette
Kaeo Nawarat Rd
짜런랏 로드 Charoen Rajd Rd
엘리펀트 퍼레이드 하우스 Elephant Parade House
솝 모이 아트 Sop Moei Art
왓 곗 까람 Wat Ket Kara
데이비즈 키친 엣 909 David's Kitchen At 909
Bumruang Rajd Rd
137 필라스 하우스 137 Pillars House
레지나 가든 Regina Garden
우카페 & 갤러리 Woo Cafe & Gallery
위앙 줌온 티하우스 Vieng Joom On Teahouse
한 Hamn
와위 커피 Wawee Coffee
더 굿뷰 The Good View
빠떵꼬 꼬넹
와로롯 마켓 Waroros Market
와이늠뿡 Wye Numphung
라린진다 웰니스 리조트 Rarinjinda Wellness Resort
라린진다 웰니스 스파 Rarinjinda Wellness Spa
데크 원 Deck 1
딥디 바인더 Dibdee Binder
스트리트 피자 Street Pizza
타패 로드 Tha Phae Rd
반 셀라돈 Baan Celadon
미나 라이스 베이스드 퀴진 Meena Rice Based Cuisine
자이분 Jaiboon
준준숍 & 카페 Junjun Shop & Cafe
다라데비 호텔 치앙마이 Dhara Dhevi Hotel Chiang Mai
Charoen Muang Rd

Love at first bite
림핑 빌리지
Rimping Village
위티 넴느엉
VT Namnueng
Chiang Mai-Lamphun Rd
Chiang Mai-Lamphun Rd
마크텔 & 커피
Marktel & Coffee
바닐라 플레이스 게스트하우스
Vanilla Plaoe Guesthouse
아이언 브릿지
Iron Bridge
아난타라 치앙마이 스파
Anantara Chiang Mai Spa
아난타라 치앙마이 리조트
Anantara Chiang Mai Resort
핑나카라 부티크 호텔
Ping Nakara Boutique Hotel
나카라 자뎅
Nakara Jardin
나카라 스파
Nakara Spa
파란나 마사지
Fah Lanna Massage
깔래 나이트바자
Kalare Night Bazaar
차이 마사지
Chai Massage
모오차
Mho- O- Cha
아난타라 서비스드 스위트
Anantara Serviced Suits
더 서비스 1921 레스토랑 & 바
The Service 1921 Restaurant & Bar
아마타 란나 치앙마이 호텔
The Amata Lanna Chiang Mai Hotel
상그릴라 호텔
Shangri-la Hotel
치스파 엣 상그릴라 호텔
Chi-The Spa at Shangrilla Hotel
아누싼 나이트 마켓
Anusam Night Market
베어그릴 카페
Bear Grill Cafe
창클란 로드 Chang Klan Rd
Chang Klan Rd
르메리디앙 치앙마이
Le Meridien Chiang Mai
K 마켓
K-Market
러이크로 로드 Loi Kroh Rd
스리돈차이 로드 Sridonchai Rd
어 데이 인 치앙마이
A Day In Chiang Mai

SIGHTSEEING

왓 껫 까람

Wat Ket Karam

15세기의 사원으로 삥강에 잇닿아 있는 짜런랏 로드에 위치해 있다. 원래는 치앙마이 왕족들이 쏭크란 축제 첫날에 머리를 감는 의식이 행해지던 사원이다. 중국이나 유럽 건축 디자인의 영향을 받은 절충된 란나 스타일의 건축물과 마을의 기부금으로 세운 고풍스러운 박물관이 있어 특별히 들러볼 만하다. 박물관 안에는 사원과 관련된 장식품을 비롯해 말을 타고 다니던 타패 로드, 배를 타고 건너던 삥강의 사진, 흑백 TV나 타이프 라이터 등 이 지역의 생활사를 아우르는 볼거리가 전시되어 있다. 사원 안에 개가 유난히 많고 개와 관련한 장식품으로 꾸며 놓은 것도 독특하다. 왓 껫 까람이 위치한 짜런랏 로드는 삥강을 끼고 형성된 소박한 전통 티크 목재 주택을 아지트 삼은 분위기 있는 카페와 레스토랑, 숍, 갤러리들이 있어 느릿느릿 걸으며 기웃거리기 좋은 길이다.

지도 p.164-B
위치 짜런랏 로드
주소 Chang Moi, Mueang Chiang Mai District
오픈 06:00~17:00(박물관 08:30~16:00)
요금 무료

SIGHTSEEING

아이언 브릿지

Iron Bridge

탁한 황토빛 강물이라 그렇게 아름답다고 할 순 없지만 하늘이 푸르스름하게 사위어 갈 때부터는 모노톤으로 바뀌면서 나름의 운치를 자아낸다. 삥강을 잇는 철교는 아이언 브리지 말고도 나와랏 브리지가 있지만 어둠을 배경으로 시시각각 조명 쇼가 펼쳐지는 것은 아이언 브리지뿐이다. 이 다리는 젊은이들의 데이트 장소이기도 하고 포토존이기도 하고 주말 저녁에 길거리 맥주 한잔하기 좋은 곳이기도 하다.

지도 p.165-I
위치 삥강 리버 마켓 옆

SIGHTSEEING

TCDC 디자인센터

Thailand Creative & Design Center Chiang Mai

디자이너나 디자인 관련 사업 종사자를 위해 창의적인 디자인 리소스를 제공하는 디자인 센터다. 방콕과 치앙마이 두 곳에 TCDC가 있는데 꼭 디자인 분야의 전문가가 아니어도 부담 없이 들러 도서관처럼 이용하기 좋다. 6000여 권이 넘는 디자인 관련 서적, 70여 종의 정기간행물, 500여 종의 멀티미디어가 갖춰진 도서관은 디지털 노마드의 작업 공간으로도 이용된다. 예전에는 여권만 있으면 한 번은 입장 가능했으나 이제는 100바트의 입장료를 내야 한다. 아트 마켓에서 만나는 뛰어난 디자인 감각의 산실이 이곳이 아닐까 하는 생각이 드는데, 매년 겨울 디자인 위크 기간에는 메인 행사장이 되어 스페셜 이벤트가 열린다고 한다.

지도 p.164-A
위치 올드타운 북동쪽 끝과 삥강 사이, 므앙마이 시장에서 도보 3분
주소 1/1 Muang Samut Rd, Chang Moi
오픈 10:30~17:00 **휴무** 월요일
요금 1회 입장료 100B, 외국인 연회비 600B
전화 052-080-500
홈피 www.tcdc.or.th

SHOPPING

나이트바자

Night Bazaar

연중 오픈하는 야시장이다. 인근의 깔래나 쁠룬루디, 아누싼 마켓 등과 함께 거대한 야시장을 형성한다. 주로 관광객을 겨냥한 각종 기념품과 고산족이 만든 수공예품, 의류, 가방, 조명기구, 액세서리, 그림 등 선데이 마켓과 비슷한 아이템을 판매하는 노점들이 수백 미터에 걸쳐 길가에 즐비하다. 마음에 드는 물건을 만나면 흥정에 들어가는데 기본적으로 크게 바가지를 씌우지는 않으므로 지나치게 깎아서 부르면 오히려 흥정에 실패한다. 쉬는 날 없이 일주일 내내 운영하지만 토 · 일요일 밤이 피크 타임이다. 대형 호텔과 버거킹, 스타벅스 등 유명 체인점들이 있으며 골목 안쪽으로 마사지숍이 즐비하다.

지도 p.165-H
주소 41 Amphoe Mueang Chiang Mai
오픈 17:00~23:00

SHOPPING

깔래 나이트바자

Kalare Night Bazaar

나이트바자가 길거리에 선다면 깔래 나이트바자는 실내에 서는 상설 시장이라고 생각하면 된다. 쇼핑 품목 역시 나이트바자와 큰 차이는 없지만 보다 한적하고 안정된 상태로 쇼핑할 수 있다. 이스탄불 케밥 등의 먹거리가 있는 푸드 코트가 있고 타이 전통춤도 공연한다. 길거리 마사지숍도 있어서 간단히 발 마사지를 받아도 좋다.

지도 p.165-H
위치 나이트바자 남쪽
주소 Thailand, Charoen Prathet Rd
오픈 17:00~00:00

SHOPPING

뻘룬루디 나이트 마켓

Ploen Ruedee Night Market

들어가는 입구가 나이트바자와 섞여 있어 이곳이 별개의 마켓이라고 생각하기 어렵지만 안쪽으로 들어가 라이브 무대가 보인다면 이곳이 쁠룬루디 나이트 마켓이다. 공연이 이루어지는 무대 좌우에는 굽고 볶는 먹거리와 칵테일을 만드는 부스가 있어 지푸라기 의자에 앉아 먹으면서 라이브 공연을 즐긴다. 어느 마켓보다도 자유스러운 분위기다.

지도 p.164-E
위치 나이트바자 내
오픈 17:30~00:00
휴무 일요일
홈피 www.facebook.com/ploenruedeenightmarket

SHOPPING

와로롯 마켓

Waroros Market

우리나라의 남대문시장 같은 분위기로 생필품을 저렴하게 구입할 수 있는 대표적인 서민 시장이다. 저렴한 시장 제품이 주를 이루지만 나이키나 리바이스 같은 메이커 의류를 비롯해 예쁜 법랑 도시락을 파는 법랑 가게도 있다. 와로롯 마켓에서 가장 큰 상가 건물로 들어가면 1층은 잡화나 식품류, 2층은 의류와 가방 종류를 판다. 와로롯 마켓은 나이트바자에 비해 20~30% 저렴한 가격을 고수하므로 귀국할 때 가지고 갈 말린 과일이나 타이 식재료 등을 이곳에서 구입하면 경제적이다. 꽃시장이 있는 강변 쪽으로 가면 외곽으로 나가는 썽태우 정류장이 있다. 오후 5시부터는 점포들이 서서히 문을 닫기 시작하고 저녁부터는 꼬치구이나 소시지를 파는 먹거리 노점이 들어서며 또 한 번 활기를 띤다.

지도 p.164-E
위치 나이트바자에서 북쪽으로 도보 5분
주소 90 Wichayanon Rd, Tambon Chang Moi
오픈 05:00~18:00, 17:00~23:00(야시장)
※상점별로 영업 시간 다름

SHOPPING

아누싼 나이트 마켓

Anusarn Night Market

전자 상가인 판팁 플라자 건너편에서 100여m를 걸으면 나오는 아누싼 나이트 마켓은 제법 규모 있는 먹거리 위주의 야시장이다. 이곳 역시 치앙마이 어디서나 볼 수 있는 수공예품 노점들로 가득하지만 여느 야시장에 비해 질서가 있어서 돌아보는 데 혼란스럽지는 않다. 라이브 연주의 흥겨운 분위기 속에서 쇼핑하면서 치앙마이 일정 중 하루쯤은 저녁 식사를 해결하기도 안성맞춤. 치앙마이에선 흔치 않은 싱싱한 해산물을 이용한 게, 랍스터, 새우 등의 요리를 내놓는 모오차 식당에서 저녁을 해결한 후 토핑이 재미난 수십 가지의 아이스크림, 야자를 깎아 둥근 볼처럼 만들어내는 코코넛볼로 디저트를 즐겨보자.

지도 p.165-H
위치 나이트바자에서 남쪽으로 도보 5분
주소 149/24, Chang Klan Rd
오픈 17:00~00:00

SHOPPING

JJ 마켓

Jing Jai Market

창푸악의 JJ 마켓은 주중에는 중고가구 등을 판매하고, 주말에는 유기농(organic), 무농약(pesticide-free)을 표방하는 농산물 직거래 시장이 열린다. 현지인들처럼 장을 볼 필요는 없지만 여행자 입장에서 보면 작은 축제 같은 분위기라 꼭 가보면 좋은 곳이다. 버스킹 공연이 흥을 돋우고, 천연 발효빵이나 현지 스타일 간식거리도 많고 커피 트럭에서 맛있는 커피도 파는데 둘러보는 것만으로도 무척 즐겁다.

지도 p.66-B
위치 올드타운의 북쪽 창푸악
주소 45 Assadathon Rd, T.Patun
오픈 09:30~20:00(업종에 따라 다름)
전화 099-649-7964
홈피 www.facebook.com/jjmarketchiangmai

SHOPPING

K 마켓

K-Market

입구에서는 김우빈과 송중기의 등신상이 반겨주는 K 마켓은 올드타운 동쪽과 삥강 사이의 창클란에 위치해 있다. 라면이나 고추장, 한국 반찬들, 소주와 막걸리, 레토르트 식품 등을 나름 골고루 갖추고 있다. 태국 음식이 입에 맞지 않아 한국에서 꼭 챙겨가야 했던 여행자들도 이젠 굳이 싸들고 갈 필요가 없겠다. 한류 붐 이후 한국 음식을 아는 태국의 젊은이들도 이곳을 찾는다.

지도 p.165-K
위치 판팁 플라자 근처
오픈 08:00~23:00
전화 062-210-0076

SHOPPING

베어그릴 카페

Bear Grill Cafe

그릴에 구운 돼지고기와 닭고기, 오징어나 새우 등의 해산물 바비큐와 함께 가볍게 음료나 술도 곁들이는 바비큐 전문 먹거리 야시장이다. 너른 광장에는 매일 버스킹 공연이 열리고 여느 야시장에 비해 여유 있는 분위기라 너무 시끌벅적하지 않게 야외 노점의 낭만을 즐기고 싶을 때 찾으면 좋을 듯하다.

지도 p.165-K
위치 K 마켓 앞 광장
오픈 매일 17:30~23:59
홈피 www.facebook.com/beargrillcafe

SHOPPING

레지나 가든

Regina Garden

기념품숍인지, 게스트하우스인지, 카페인지 정체가 아리송하다. 잠깐 들여다본 안쪽의 공간은 찰리 채플린, 엘리자베스 테일러, 오드리 토투 등 영화배우들의 오래된 사진들로 가득하다. 빈티지 가구와 거기에 장식된 오래된 것들, 고양이 농장인가 싶을 정도로 많은 고양이들, 게스트하우스가 있고 그 안쪽 강변에는 카페가 있다. '레지나'는 이 숍을 처음 시작한 팔순 여주인의 이름이다. 그녀의 취향이 고스란히 펼쳐진 이 공간이 취향에 딱 맞는 나그네가 분명 있을 듯하다.

지도 p.164-E
위치 짜런랏 로드
주소 69,71,73 Charoenraj Rd, T.Watgate
오픈 10:30~22:30
전화 053-262-882
홈피 www.reginagarden.com

SHOPPING

위앙 줌온 티하우스

Vieng Joom On Teahouse

치앙마이 장인의 공예품 숍과 멋진 레스토랑, 카페가 즐비한 삥 강변의 짜런랏 로드에 위치해 있는 카페 겸 티하우스다. 화사한 핑크로 단장한 여성스러운 외관이 눈길을 사로잡는 이 티하우스는 마니아라면 결코 놓칠 수 없는 우아한 티 타임을 선사한다. 모로코풍의 이국적인 분위기로 꾸민 티하우스의 개성 있는 블렌딩 티와 스콘, 디저트 케이크, 신선한 과일 콩포트와 크림으로 구성된 티 세트는 가벼운 런치로도 안성맞춤. 티하우스에서 즐길 수 있는 다양한 티 제품은 숍에서 바로 구입할 수 있다. 워낙 우아한 티 패키지를 많이 구비하고 있으므로 격식을 갖춘 선물을 준비하고 싶을 때 이용하면 좋다. 티 전문가가 상주해 있어서 도움을 받아 고를 수 있다.

지도 p.164-E
위치 짜런랏 로드
주소 53 Charoenraj Rd, T.Watgate
오픈 10:00~19:00
전화 053-303-113
홈피 www.facebook.com/ViengJoomOn

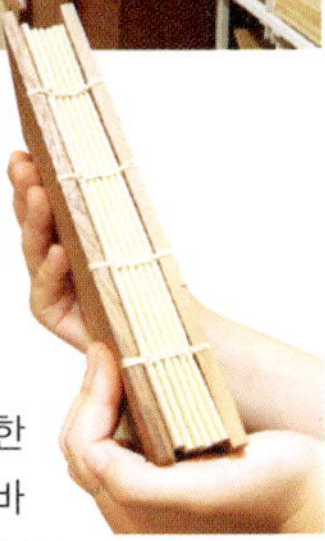

SHOPPING

딥디 바인더

Dibdee Binder

'딥디'는 날 것의 아름다움을 뜻한다. 이 딥디와 제본을 뜻하는 바인더가 합쳐진 이름이 딥디 바인더로, 대량 생산이 아닌 손으로 한 땀 한 땀 만드는 북 바인딩 공방 겸 카페다. 대학 시절 히치하이킹으로 배낭여행을 떠났던 두 여성이 만든 수제 책이 인기를 끌면서 공방을 운영하게 되었다고 한다. 핸드메이드 특유의 감성이 듬뿍 담긴 노트와 개성 넘치는 백팩 종류도 숍에서 직접 구입할 수 있다. 특별히 북아트에 관심이 있다면 1년에 두 번쯤 열리는 워크숍에 참여하면 맘에 드는 종이로 책 만드는 법을 가르쳐준다. 1인 1000바트.

지도 p.164–E
위치 타패 로드
주소 88 Thapae Rd. Chang Moi
오픈 11:00~21:00
전화 089–175–7004
홈피 www.facebook.com/dibdee.binder

SHOPPING

와이늠뽕

Wye Numphung

천연 재료로 만든 홈 퍼니처와 데코레이션 소품을 구입할 수 있는 작은 가게. 현지인 식당에서나 볼 수 있는 찰밥 그릇, 가방, 샌들, 조명 기구나 작은 상자 등 자연주의적이고 빈티지한 느낌의 소품이 가득해 구경하는 것만으로도 시간 가는 줄 모른다. 길 건너의 또 다른 가게 역시 비슷한 콘셉트의 독특한 인테리어 가구 소품을 판매한다.

지도 p.164–D
위치 창모이 로드
주소 260 Changmoi Rd. T.Changmoi A.Muang
전화 09:00~17:00
휴무 넷째 일요일
전화 053–251–1408

SHOPPING

한

Harnn

세계 여러 나라의 고급 호텔이나 스파에서 많이 사용하는 한 Harnn 제품은 탄 Thann 브랜드와 더불어 태국 대표 스파 브랜드로 꼽힌다. 아시아 전통의학과 자연요법에 바탕을 두고 100% 식물성 성분으로 만든 한 제품은 민감성이나 건성 피부에도 효과가 탁월하다. 태국의 향을 가득 담은 홈스파, 디퓨저, 아로마 오일, 화장품, 향수 등 다양한 라인을 갖추고 있는데 국내에도 수입되긴 하지만 두 배에 가까울 정도로 비싸므로 치앙마이에서 구입할 것을 권한다.

지도 p.164-E
위치 B2 리버사이드 호텔 1층
주소 9 Chatoenraj Rd, Wat Ket
오픈 10:00~21:00
전화 086-364-4838
홈피 www.harnn.com

SHOPPING

엘리펀트 퍼레이드 하우스

Elephant Parade House

나만의 코끼리 작품을 만들어 소장하고 싶다면 왓 껫 까람 근처의 엘리펀트 퍼레이드 하우스에 가면 된다. 페인팅 도구가 모두 준비되어 있고 직원들이 도와주기 때문에 원하는 사이즈의 하얀 코끼리를 구입하면 된다. 보통 15cm(1000바트) 크기의 코끼리를 많이 선택하는데 두어 시간이 훌쩍 지나가는지 모를 정도로 집중하는 재미를 느끼게 된다. 이 하우스 안에는 각각 세상에 하나뿐인 코끼리 작품과 티셔츠를 비롯한 기념품도 판매하고 있다. 모든 수익의 20%는 태국 코끼리 보호를 위해 쓰인다.

지도 p.164-B
위치 짜런랏 로드, 왓 껫 까람 근처
주소 154-156 Charoenraj Rd, Wat Ket Subdistrict
오픈 10:00~20:00
전화 053-246-448
홈피 www.elephantparade.com/elephant-parade-house

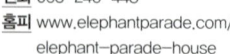

SHOPPING

솝 므이 아트

Sop Moei Art

솝 므이 아트는 30여 년간 포 카렌족과 함께 협업해온 비영리 재단이다. 태국 서부인 매홍쏜 주 솝므이에 거주하는 포 카렌족의 직조 전문가나 바구니 전문가와 콜라보하여 100% 핸드 메이드의 독특한 한정판 작품을 생산한다. 숍에서는 주로 가방, 스카프, 쿠션, 타피스트리 등 일상 생활용품에 품격을 더한 진정한 의미의 럭셔리 제품을 만날 수 있다.

지도 p.164-B
위치 짜런랏 로드
주소 150/10 Chareonraj Rd, Watgate
오픈 일~금요일 10:00~18:00, 토요일 10:00~17:00
전화 053-306-123
홈피 http://sopmoeiarts.com/

RESTAURANTS

더 굿뷰

The Good View

삥강 주변에 저녁 즈음 분위기 있는 레스토랑들이 즐비한데 더 굿뷰는 그중 가장 활기를 띠는 곳이다. 강변 분위기를 감상할 수 있는 테라스와 바를 포함한 실내 좌석이 있는데, 테라스석에 앉고 싶다면 해 저물기 전, 좀 이른 시각에 도착하거나 미리 예약하는 것이 좋다. 실내 공간에서는 밴드의 라이브 공연이 흥을 돋우는데 여럿이 함께 오는 손님들이 대부분이라 음악이 들리지 않을 정도로 시끄러운 편이다. 북부 요리를 비롯해 매우 다양한 메뉴를 갖추고 있으며 간단한 안주 하나에 맥주 한잔 마시기에도 좋다. 가격은 있는 편이지만 치앙마이 강가에서 특별한 시간을 보내고 싶다면 한 번은 들러봐야 할 레스토랑이다.

지도 p.164-E
위치 라린진다 웰니스 리조트 건너편
주소 13 Chareonraj Rd, Wat Ket
오픈 10:00~00:00
휴무 연중무휴
요금 북부 요리 120~265B, 생맥주(1L) 400B
전화 053-302-764
홈피 www.goodview.co.th

RESTAURANTS

데이비즈 키친 엣 909

David's Kitchen At 909

트립어드바이저 음식점 부분의 1위를 고수하며 '아시아 최고의 레스토랑'으로 꼽힐 정도로 존재감 있는 파인 다이닝 레스토랑이다. 태국 요리를 비롯해 유럽, 아시아, 퓨전 요리 등 다양한 메뉴를 준비하고 있으며 플레이팅도 좋고 맛도 좋은 정찬 디너를 합리적인 가격으로 즐길 수 있다. 피아노 라이브 연주가 백뮤직으로 깔리는 분위기가 고급스럽고 직원들의 서비스도 좋다. 인상적인 것은 오너인 데이비드가 테이블마다 돌아다니며 친근하게 말을 거는 것. 식사를 마친 손님이 돌아갈 때도 따라 나와서 깍듯이 인사하고 메일을 보내 다시 한 번 친절한 데이비드를 떠올리게 한다. 예약은 필수이며 픽업 서비스도 가능하다.

지도 p.164-C
위치 맥코믹 종합병원 맞은편
주소 113 Bumrungrad Rd, Wat Ket
오픈 17:00~22:00
휴무 일요일
요금 파스타 340~510B, 4코스 세트 메뉴(1인) 1450B
전화 091-068-1744
홈피 www.davidskitchen.co.th

RESTAURANTS

데크 원

Deck 1

건너편의 라린진다 웰니스 리조트에서 운영하는 강변 레스토랑으로 더 굿뷰 레스토랑에서 걸어서 2분 거리다. 라린진다 리조트에 투숙하면 이곳에서 조식이 제공되고 런치나 애프터눈 티, 디너까지 즐길 수 있으며, 치앙마이 현지인과 외국인 모두에게 이색적인 무드 속에서 릴렉스하는 레스토랑으로 어필하고 있다. 단아한 플레이팅이 돋보이는 전문 셰프의 퓨전 요리와 신선한 디저트까지 고루 맛있는 편이다. 강가 테라스석에 앉고 싶다면 미리 예약하는 것이 좋고 어둠이 내린 후에 테이블을 좀 더 밝히고 싶다면 간이 스탠드를 갖다 달라고 말하자.

지도 p.164-E
위치 더 굿뷰 레스토랑 옆
주소 1,14 Chareonraj Rd. Wat Ket
오픈 07:00~23:00
휴무 연중무휴
요금 웨스턴 애피타이저 150~200B, 메인 디시 280~680B
전화 053-302-788
홈피 www.thedeck1.com

RESTAURANTS

더 서비스 1921 레스토랑 & 바

The Service 1921 Restaurant & Bar

1921년에 영국 영사관으로 지어진 고풍스러운 콜로니얼 하우스에 영국 비밀 정보부를 콘셉트로 새롭게 꾸민 아난타라 리조트의 레스토랑이다. 비밀 아지트 같은 느낌이 나는 프라이빗 다이닝룸까지 구석구석에 호기심과 흥미로운 요소를 배치하여 손님을 재미와 스릴의 세계로 인도한다. 시그니처 메뉴는 태국, 쓰촨 그리고 베트남 요리로 각 분야의 전문 셰프를 초빙하여 최고의 맛을 선보이며 요리에 어울리는 훌륭한 와인 셀렉션도 갖추고 있다. 가장 유명한 것은 3단 트레이에 나오는 티푸드가 훌륭한 애프터눈 티 세트. 야외 테이블에서 잼과 크림을 곁들인 스콘과 파이, 먹기에도 아까운 앙증맞은 디저트와 함께 즐기는 애프터눈 티 세트는 5성급 호텔 레스토랑임에도 불구하고 가성비가 좋은 편이다.

지도 p.165-H
위치 스리돈차이 로드 끝
주소 123-123/1 Charoen Prathet Rd. Anantara Chiang Mai
오픈 런치 11:30~14:30, 디너 18:00~23:00, 애프터눈 티 14:00~18:00
휴무 일요일
요금 애프터눈 티(2인) 1100B
전화 053-253-333
홈피 http://chiang-mai.anantara.com

RESTAURANTS

모오차

Mho- O- Cha

아누싼 마켓 내에 위치한 모오차는 해산물 레스토랑이 드문 치앙마이에서 신선한 해산물 요리를 즐기는 전문점. 신선한 게, 생선, 랍스터, 새우, 조개 등에 걸쳐 다양한 해물요리 메뉴가 있다. 야시장 안이라 밤늦도록 손님은 계속 이어지는데 대부분 테이블마다 게나 새우 껍질을 수북이 쌓아놓고 행복한 얼굴로 요리를 즐기고 있다. 구이나 볶음으로도 맛볼 수 있지만 랍스터 크기의 검은 게 뿌담으로 만든 뿌팟퐁까리를 맛보자. 살은 탱글탱글, 향긋한 바다 냄새, 고소한 달걀, 독특한 커리의 맛까지 어우러져 '인생 뿌팟퐁까리'를 만나게 될 것이다. 무게대로 가격이 정산되며 냉동 게살만 발라내 조리한 것은 좀 더 저렴하다.

지도 p.165-H
위치 아누싼 마켓 내
오픈 11:00~24:00
휴무 연중무휴(쏭크란 축제 다음 일주일 휴무)
요금 뿌팟퐁까리 1400~1600B(1kg당 1400B),
게살 커리 480B, 새우 350B(500g)
전화 053-273-008

RESTAURANTS

위티 넴느엉

VT Namnueng

넴느엉은 돼지고기를 갈아서 어묵처럼 만든 후 구워낸 일종의 소시지로 각종 허브와 함께 라이스페이퍼나 채소에 싸 먹는 베트남 음식이다. 보통 둘이 가면 네 개짜리 넴느엉을 주문하는데 양이 적어 보여도 이것저것 같이 싸 먹기에 막상 먹어 보면 포만감을 느낄 수 있다. 한국인들이 이 레스토랑의 넴느엉을 유난히 좋아하는 것은 함께 따라 나오는 소스 때문. 된장에 땅콩 가루와 꿀을 섞은 맛으로 느끼할 수 있는 넴느엉의 맛을 잘 잡아준다. 중국식 소면과 함께 라이스페이퍼로 싸 먹는 버미셀리 면을 곁들인 양념 돼지고기도 함께 주문하는 한국인들의 단골 메뉴.

지도 p.165-I
위치 나와랏 다리 건너 오른쪽으로 200m 치앙마이 람푼 거리
주소 49/9 Lamphun Rd, Wat Ket
오픈 08:30~21:00
휴무 둘째, 셋째 화요일
요금 넴느엉(4개) 130B,
버미셀리 면을 곁들인 양념 돼지고기 80B
전화 053-266-111

RESTAURANTS

딥디 스시 카페

Dib Dee Sushi Cafe

창푸악에 위치한 스시 레스토랑으로 오픈은 오후 1시부터이지만, 오후 5시부터는 399B에 스시를 마음껏 골라서 주문할 수 있는 색다른 콘셉트가 인기다. 스시 뷔페 시간에 들를 수 없다면 연어, 장어, 소고기 등을 얹은 스시 세트도 괜찮지만 아무래도 399바트짜리 스시 뷔페가 가성비가 높은 건 사실이다. 웬만한 스시 메뉴는 다 갖추고 있으며, 특히 입안에서 살살 녹는 연어 사시미를 추천한다.

지도 p.66-B
위치 JJ 마켓 내
주소 Jingjai Market, Tambon Chang Phueak
오픈 13:00~23:00(화요일은 16:00~23:00),
스시 뷔페 17:00~22:15
휴무 연중무휴
요금 스시 뷔페 399B, 스시 세트 239~259B,
연어 데리야키 139B
전화 084-658-7771
홈피 www.facebook.com/dibdeesushicafe

RESTAURANTS

스트리트 피자

Street Pizza

다양한 피자 종류를 갖추고 있어 피자에 맥주를 곁들이며 얘기꽃을 피우기 좋은 분위기다. 주로 서양인들이 많고 가족 단위로 찾는 손님을 위한 키즈룸도 따로 마련되어 있다. 홀로 향하는 입구에 주방이 있어 피자 만드는 모습을 유리창 너머로 볼 수 있는데 화덕 오븐이 아닌 가스 오븐을 사용하여 굽는 점이 좀 아쉽다. 매주 화 · 금 · 일요일 저녁 7시 30분부터는 라이브 재즈 음악을 감상할 수 있고 조용한 분위기를 원한다면 홀보다는 바깥 테라스석으로 안내해달라고 하자.

지도 p.164-E
위치 딥디 바인더 건너편
주소 Thaphae Rd, Tambon Chang Moi
오픈 11:30~23:00
휴무 월요일
요금 피자 169~239B, 샐러드 89~159B
전화 085-735-746
홈피 www.facebook.com/streetpizza&thewinehouzz

CAFE

우카페 & 갤러리

Woo Cafe & Gallery

짜런랏 로드는 느긋하게 걸으며 여기저기 기웃거리다가 차 한잔하기 딱 좋은 길이다. 이 길에 여심을 사로잡고도 남을 카페가 있으니 바로 갤러리와 숍을 함께 둘러볼 수 있는 우카페다. 세 채의 태국 전통가옥에 카페, 갤러리, 숍이 각각 자리하고 있어서 전체적인 규모는 꽤 큰 편. 열대 식물과 화사한 꽃으로 풍성하게 꾸민 치앙마이 스타일 그린 인테리어가 싱그럽다. 카페 구석구석이 포토존이라 어디에 앉아도 예쁜데 비주얼 좋은 라이스 샐러드도 있지만 차 한 잔으로도 만족스럽다. 카페 옆 건물은 천연 소재의 옷과 가방을 비롯해 쿠션이나 주방 용품 등을 전시해놓고 판매하는데 고급스러운 만큼 가격도 높은 편. 치앙마이를 비롯한 태국 아티스트의 작품을 전시해둔 2층의 갤러리도 지나치지 말자.

지도 p.164-E
위치 위앙 줌온 티하우스 건너편
주소 80 Charoenrat Rd, Wat Ket
오픈 10:00~22:00
휴무 연중무휴
요금 샐러드 120B~, 음료 100B~
전화 052-003-717

CAFE

와위 커피

Wawee Coffee

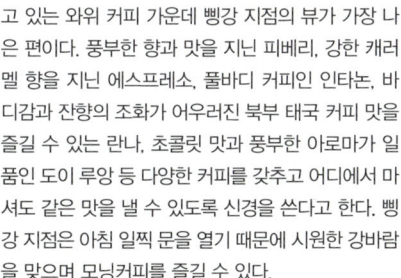

치앙마이에만 10여 개의 브랜치를 가지고 있는 와위 커피 가운데 삥강 지점의 뷰가 가장 나은 편이다. 풍부한 향과 맛을 지닌 피베리, 강한 캐러멜 향을 지닌 에스프레소, 풀바디 커피인 인타논, 바디감과 잔향의 조화가 어우러진 북부 태국 커피 맛을 즐길 수 있는 란나, 초콜릿 맛과 풍부한 아로마가 일품인 도이 루앙 등 다양한 커피를 갖추고 어디에서 마셔도 같은 맛을 낼 수 있도록 신경을 쓴다고 한다. 삥강 지점은 아침 일찍 문을 열기 때문에 시원한 강바람을 맞으며 모닝커피를 즐길 수 있다.

지도 p.164-E
위치 짜런랏 로드 더 굿뷰 옆
주소 1/2 Charoen Raj Rd, Wat Ket
오픈 07:00~19:30(삥강 지점)
휴무 연중무휴
요금 커피 50B~
전화 053-247-713

CAFE

나카라 자뎅

Nakara Jardin

잘 관리된 정원이 있는 강변 카페에서 티 타임을 즐기고 싶다면 삥강 근처의 나카라 자뎅을 찾아보자. 아열대 기후인 치앙마이의 카페들은 풍성한 초록을 실내외에 들여 평화롭고 자연주의적인 것이 특징인데 나카라 자뎅이 특히 그렇다. 덩굴식물이 에워싸고 있는 입구부터 방문객의 마음을 평화롭게 만들고, 안쪽으로 쭉 들어가면 싱그러운 식물원 느낌이 난다. 이 카페의 주인장은 세계적인 요리학교인 르 꼬르동 블루 출신 파티시에이자 프렌치 퀴진도 공부한 셰프로 알려져 있다. 스콘과 샌드위치, 푸딩 등으로 구성된 애프터눈 티가 유명하며 그냥 스콘과 잼만 주문할 수도 있다. 스타터부터 수프, 샐러드, 파스타와 메인 디시, 디저트까지 풀코스로 즐기는 식사도 가능하다.

지도 p.165-L
위치 핑나카라 부티크 호텔 안쪽
주소 11 Soi 9, Charoenprathet Rd, T.Changklan
오픈 11:00~19:00
휴무 수요일
요금 애프터눈 티 세트(2인) 1070B, 파스타 180~390B
전화 053-818-977

CAFE

카지

Khagee

위티 넴느엉에서 50m 거리라 식사 후에 커피와 케이크로 입가심하고 싶을 때 찾아가기 딱 좋다. 태국인과 일본인 커플이 운영하는 베이커리 카페로 빵의 종류가 많지는 않지만 당근 케이크를 비롯해 스콘 등의 천연 발효빵이 인기. 테이블은 5개 정도로 작은 규모지만 현지인 사이에서는 유명세를 타는 듯, 커피와 빵을 앞에 두고 사진을 찍는 치앙마이 여성들도 많다.

지도 p.165-I
위치 삥강변 위티 넴느엉 근처
주소 29-30 Chiang Mai-Lamphun Soi 1
오픈 10:00~17:00
휴무 월, 화요일
요금 커피 메뉴 70B~, 조각 케이크류 80B~
전화 082-975-7774
홈피 www.facebook.com/Khageecafe

CAFE

러브 엣 퍼스트 바이트

Love at first bite

케이크가 얼마나 맛있기에 한 입 베어 물자마자 사랑에 빠질 정도일까. 재미있게도 이 상호는 1979년에 제작된 별 한 개짜리 〈드라큘라의 성〉이라는 B급 영화의 제목이기도 하다. 어쨌거나 작명 솜씨가 기가 막힌 이 케이크 전문점의 주인은 2015년에 태국의 레스토랑 순위 사이트인 웡나이의 베스트 레스토랑 상을 받았을 만큼 수제 케이크도 잘 만드는 모양이다. 입구의 케이크 쇼케이스에서 조각 케이크를 고른 후 작은 인공폭포가 있는 야외 정원에서 시간을 보내기 좋다.

지도 p.165-I
위치 치앙마이 람푼 소이 2
주소 Chiang Mai-Lamphun Soi 1, San Pa Koi Rd, Chang Moi
오픈 10:30~18:00
휴무 월요일
요금 조각 케이크 65~140B, 아이스크림 70~110B, 커피 메뉴 70~90B
전화 054-242-731
홈피 www.loveatfirstbite-cm.com

CAFE

어 데이 인 치앙마이

A Day In Chiang Mai

그가 운영하는 페이스북에는 라오스를 비롯한 세계 여러 나라의 다양한 커피 원두 사진이 올라와 있다. 그뿐만 아니라 아카족 공정무역 커피 원두를 사용하여 핸드드립, 에어로프레스, 콜드드립 등 다양한 추출 방식으로 맛있는 한 잔의 커피를 위해 부단한 노력하는 한 젊은이를 만날 수 있다. 커피 공부를 함께 하는 친구들과 모여 커핑하고 좋은 커피콩을 나누기도 한다는 그의 카페에서는 한국인 친구가 만들어주는 코리안 스타일 롤케이크도 맛볼 수 있다.

지도 p.165-J
주소 107 Ragang Rd, Thesaban Nakhon
오픈 09:00~17:00(일요일은 15:00까지)
휴무 연중무휴
요금 에스프레소 50B, 플랫화이트 55B, 타이 스타일 커피 45B
전화 053-277-777
홈피 www.facebook.com/adayinchiangmaicoffee

CAFE

빠떵꼬 꼬넹

태국 맥도널드에만 있다는 콘파이와 더불어 간단한 요깃거리로 인기 있는 것이 빠떵꼬 꼬넹이다. 빠떵꼬 꼬넹은 두유와 함께 먹는 중국식 도넛과 비슷한 태국식 찹쌀 도넛으로, 와로롯 마켓 가는 길에 이 노점을 만날 수 있다. 찹쌀 반죽으로 공룡 모양이나 악어 모양을 내서 튀겼는데, 겉은 바삭하고 안은 쫄깃하며 이 귀여운 도넛을 연유에 찍어 먹기도 한다. 가격도 저렴하고 의외로 포만감이 든다. 새벽에 문을 열고 오전 중에 장사를 끝낸다.

지도 p.164-E
위치 와로롯 마켓과 뜨람야이 마켓 사이
오픈 06:00~11:30
요금 공룡 빠떵꼬 20B~, 악어 빠떵꼬 30B

CAFE

더 바리스트로 바이구

The Baristo By Guu

구 퓨전 로띠 & 티가 로띠에 중심을 둔 전문점이라면, 더 바리스트로 바이구는 커피에 중심을 둔 카페다. 창푸악 JJ 마켓에 구 퓨전 로띠 & 티와 나란히 붙어 있어서 찾기 쉽다. 화이트 컬러를 베이스로 초록 식물을 넉넉히 배치한 인테리어는 매우 깔끔한 느낌을 준다. 라테아트를 올린 커피 메뉴도 다양하고 브런치도 먹을 수 있다. 로띠를 주문하면 바로 옆에 위치한 구 퓨전 로띠 & 티에서 가져다준다.

지도 p.66-B
위치 JJ 러스틱 야외 마켓
주소 50300 Chiang Mai A05 JJ Market, 45 Atsadathon Rd
오픈 08:00~18:00
휴무 연중무휴
요금 커피류 55~120B, 프라페 79~99B
전화 093-885-5525

CAFE

도이퉁 커피

Doitung Coffee

도이창 커피가 피사 새두를 중심으로 한 커피 조합에서 생산해내는 세계 최고 수준의 아라비카 커피라면, 도이퉁 커피는 왕실 재단의 지원을 받는다. 커피 재배에 최적으로 평가받는 해발 1000m인 치앙라이 북부의 소수 민족들이 재배하는 유기농 커피로, 수작업으로 일일이 골라낸 커피 체리를 정성 들여 로스팅하고 그라인딩한다. 카페에서는 태국 특유의 과일 향과 풍미가 좋은 커피와 간단한 사이드 메뉴, 그리고 고산족들이 재배한 마카다미아 너츠와 마카다미아 너츠 스프레드 등도 구입할 수 있다.

지도 p.66-B
위치 JJ 러스틱 야외 마켓
오픈 08:30~18:00
휴무 연중무휴
요금 커피 메뉴 70~120B, 커피 슬러시 100~135B, 베이커리 60~65B
전화 053-226-618

SPA

라린진다 웰니스 스파

Rarinjinda Welness Spa

라린진다 스파는 렛츠 릴렉스와 같은 계열의 스파 브랜드로 그보다 업그레이드 된 서비스와 프로그램을 갖추고 있다. 치앙마이의 고급 스파들은 고유의 마사지 테크닉을 도입하여 저마다 다른 프로그램을 제안한다. 라린진다 웰니스 스파의 시그니처 프로그램은 전통 타이 마사지에 티베트 스타일의 파동과 소리를 이용한 테라피를 접목한 '엘리먼츠 오브 라이프', 수압을 이용해 물로 전신 마사지를 하는 8단계의 '하이드로풀 테라피', 굳은 근육과 관절을 풀어주는 '핫 스톤 마사지'가 있다. 일본식 온천과 히말라야 솔트를 이용한 테라피, 적외선 테라피 등 패키지를 이용하면 다양한 트리트먼트를 받으며 릴렉싱할 수 있다. 마사지와 스파 후 건강 차와 망고 스티키라이스가 서빙된다.

지도 p.164-F
위치 라린진다 웰니스 리조트 입구
주소 14 Charoen Raj Rd, Wat Ket
오픈 10:00~00:00
요금 엘리먼츠 오브 라이프(90분) 2500B,
하이드로 테라피(40분) 1500B
전화 053-303-030
홈피 www.larinjinda.com

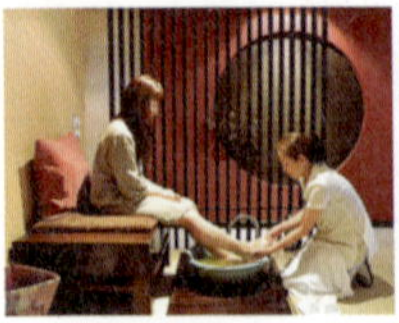

SPA

나카라 스파

Nakara Spa

핑나카라 부티크 호텔 부속 스파숍으로 아유르베다 테라피를 전문적으로 받을 수 있다. 아유르베다 테라피는 신체의 균형을 맞춰 질병에 대한 자연 치유력을 키우는 인도 전통 의학으로 5000년에 이르는 역사를 가진 경험의학이다. 요가, 명상, 오일, 허브 등 다양한 방법의 치유법이 있는데 나카라 스파에서는 식물에서 추출한 천연 오일을 몸의 특정 부위에 쏟아 체내에 흡수시켜 혈액을 순환시키고 관절, 피부의 회복을 돕는다. 아유르베다의 세계를 경험하고 싶다면 '인트로덕션 투 아유르베다'나 '아유르베다 디스커버리' 프로그램을 이용해보자. 그밖에 매니큐어나 페디큐어 등 네일 케어 프로그램과 부위별 왁싱 프로그램도 갖추고 있다.

지도 p.165-L
위치 핑나카라 부티크 호텔 내
주소 135/9 Charoen Prathet Rd, T. Chang Klan
오픈 10:00~22:00
요금 인트로덕션 투 아유르베다(90분) 1900B,
네일케어(60분) 1150B
전화 053-252-101
홈피 www.nakaraspa.com

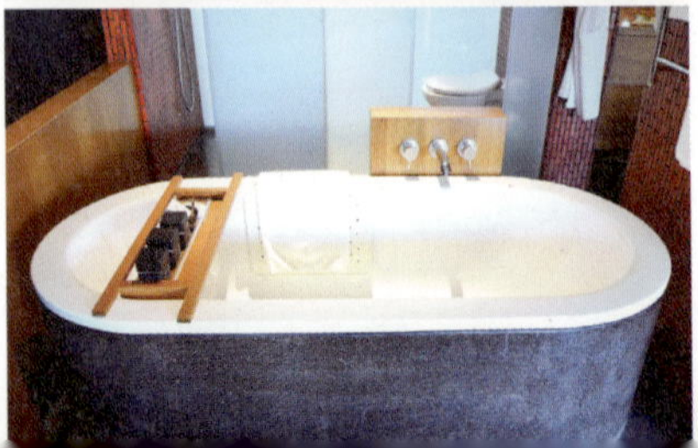

SPA

아난타라 치앙마이 스파

Anantara Chiang Mai Spa

아난타라 치앙마이 리조트 내에 있는 럭셔리 스파로 하얀 유니폼을 입은 전문 테라피스트가 서비스한다. 이 스파의 시그니처 메뉴는 가볍게 받을 수 있는 발 마사지인 '란나 리추얼'과 허브 스팀 테라피를 중심으로 200분 동안 진행하는 '에센스 오브 아난타라' 프로그램. 허브 사우나와 꽃잎을 띄운 욕조를 갖춘 개별 트리트먼트룸과 커플룸이 있으며 네일케어 라운지, 실내휴식 라운지와 루프탑의 선라운지 등 다양한 휴식공간이 있다.

지도 p.165-H
위치 아난타라 치앙마이 리조트 내
주소 123-123/1 Charoen Prathet Rd, Tambon Chang Khlan
오픈 10:00~22:00
요금 란나 리추얼(90분), 에센스 오브 아난타라(200분)
※요금은 문의
전화 053-253-333
홈피 http://chiang-mai.anantara.com/spas.aspx

SPA

치스파 엣 샹그릴라 호텔

Chi-The Spa at Shangrilla Hotel

한자로 기(氣)를 뜻하는 '치 chi'라는 이름을 스파 브랜드 네임으로 내세웠다. 샹그릴라 호텔의 치스파는 단순히 피로를 푸는 마사지라기보다는 보디 마사지, 스트레칭, 명상 등을 통해 기를 살려 몸을 자연 치유한다. 오일을 이용한 습식 마사지 기법인 스웨디시 마사지와 경락을 자극하는 일본식 시아추 마사지를 결합한 '아로마 웰니스' 프로그램은 치스파만의 노하우가 듬뿍 녹아 있는 요법이다.

지도 p.165-K
위치 샹그릴라 호텔 내
주소 89/8 Chang Klan Rd
오픈 10:00~22:00
요금 아로마 웰니스(90분) 2700B, 치 밸런스(60분) 2500B
전화 053-253-888
홈피 www.shangri-la.com/chiangmai/shangrila/health-leisure/chi-the-spa/

SPA

파란나 마사지

Fah Lanna Massage

파란나 마사지는 올드타운과 나이트바자에 각각 지점이 있는데 한국 여행자들 사이에는 '저렴한 가격에 인생 마사지를 받을 수 있는 곳'으로 나이트바자점이 잘 알려져 있다. 규모는 작지만 깔끔하고 1시간에 200바트라는 저렴한 가격을 고수하고 있어서 트립어드바이저에서도 상위에 랭크되어 있다. 마사지사는 14명으로 시원한 마사지를 좋아하는 한국인들의 취향을 잘 파악하는 편이다. 입구에는 발 마사지용 의자가 놓여 있고 타이 마사지를 받으려면 안쪽의 4인실로 안내해준다. 작지만 샤워할 공간도 있고 마사지가 끝나면 생강차를 서비스해준다. 저녁엔 대부분 풀부킹이므로 한가한 오전 시간을 택하면 여유롭게 마사지 받을 수 있으며, 하루 전에 예약해야 안전하다. 인터넷 예약도 가능하고 10시간을 채우면 타이 마사지를 서비스로 해준다.

지도 p.165-H
위치 러이크로 로드, 나이트바자에서 도보 5분
주소 Loi Kroh Rd, T.Changklan
오픈 10:00~23:00
요금 타이 마사지 200B, 발 마사지 200B
전화 082-030-3029
홈피 www.fahlanna.com

SPA

차이 마사지

Chai Massage

오렌지 컬러로 꾸민 가게의 외관이 무척 생기발랄해 보여 눈길을 끌다가 자연스럽게 발길까지 붙들리게 된다. 초록 식물들이며 꽃들이 활짝 피어난 이 마사지 숍은 카페가 아닌가 싶을 정도로 예쁘다. 깨끗하게 관리된 내부로 들어가면 널찍한 공간에 마사지 매트가 나란히 있는데 마사지할 때는 커튼으로 가려 프라이버시를 보호해준다. 자신이 원하는 마사지 강도나 부위를 미리 이야기하면 그에 맞는 마사지사를 배정해 주기에 만족도가 높은 편이다. 트립어드바이저 마사지숍 부문에서도 높은 순위에 랭크되어 있고 가격 대비 퀄리티가 뛰어나 평도 좋은 편이다.

지도 p.165-H
위치 러이크로 로드, 나이트바자에서 도보 6분
주소 139/1 Loi Kroh Rd, T.Changklan
오픈 11:00~23:00
요금 타이 마사지 250B, 발 마사지 250B,
타이밤 마사지 400B
전화 093-250-8068
홈피 http://www.chaimassage.com

STAYING

아난타라 치앙마이 리조트

Anantara Chiang Mai Resort

포시즌이나 다라데비처럼 치앙마이 외곽에 있는 리조트를 제외하고 치앙마이 시내에서 유일한 5성급 리조트다. 큰 규모의 목조 건축물이라 외부에서 보면 호텔이라기보다는 갤러리 같은 느낌이 강하다. 걸어서 몇 분 거리에 나이트바자가 있는 위치이지만 리조트 안으로 들어서면 믿을 수 없을 만큼 조용하고 평화롭다. 삥강변의 시원한 뷰를 끼고 있어 리조트 전체에 개방감도 주면서 어둠이 내리면 로맨틱한 분위기로 변신한다. 삥강을 마주하는 34m의 야외 풀장은 수영을 하거나 선베드에 누워 한가로이 낮잠도 즐기는 공간. 모든 객실에 발코니가 딸려 있어서 답답하지 않으며 오더 메이드형 조식도 훌륭하다. 특히 고객 맞춤형 서비스 정신으로 무장한 직원들의 몸에 배인 친절함도 인상적이다. 럭셔리하되 결코 요란스럽지 않은 품격을 지닌 리조트라 외국 연예인들이 이곳에서 종종 결혼식을 올린다고 한다.

지도 p.165-H
위치 나이트바자에서 도보 10분
주소 123-123/1 Charoen Prathet Rd, Changklan
요금 디럭스 가든뷰 9500B, 카사라 리버뷰 스위트 1만3300B (비수기 주말 기준, 조식 포함)
전화 053-253-333
홈피 www.chiang-mai.anantara.com

STAYING

라린진다 웰니스 리조트

Rarinjinda Wellness Resort

140년 된 태국 전통 가옥을 리모델링하여 전통미와 현대적인 미를 아우른 외관이 인상적이다. 이 리조트의 가장 큰 매력은 프로페셔널한 스파 프로그램을 할인된 가격으로 이용하면서 삥강변의 데크 원 레스토랑에서 아침 식사를 즐길 수 있다는 점. 객실은 야외 풀장을 중심에 두고 에워싼 형태로 배치되어 있다. 객실마다 테라스가 딸려 있는데 특히 7개의 풀 액세스룸은 객실에서 바로 풀장으로 나가 수영을 즐기고 선베드에 누워 휴식을 취할 수 있어 인기. 객실에는 라진린다 스파에서 사용하는 어메니티가 비치되어 있으며, 객실 방향으로 욕조 옆에 창문이 있어 개방감을 준다. 온 국민의 추앙을 받던 푸미폰 국왕의 둘째 딸인 시린톤 공주가 두 번이나 묵고 간 곳이기도 하다.

지도 p.164-F
위치 짜런랏 로드
주소 14 Charoenraj Rd, T.Watkate, Muang
요금 디럭스 4400B, 웰니스 스위트 5600B (비수기 주말 기준, 조식 포함)
전화 053-303-030
홈피 www.rarinjinda.com

STAYING

샹그릴라 호텔

Shangril-la Hotel

올드타운에서 가깝고 나이트바자에 걸어갈 수 있는 거리에 위치한 샹그릴라 호텔은 현대적인 건물에 고전 란나 스타일을 부분적으로 배치해 은은한 품격을 느끼게 한다. 잘 관리된 고요하고 평화로운 정원, 널따란 규모의 야외 풀장, 오리엔탈 스타일로 꾸민 객실 등 트렌디하거나 개성 있는 것은 아니지만 대형 호텔의 장점인 품격과 넉넉한 부대시설을 갖추고 있다. 특히 여성적인 곡선으로 이루어진 야외 풀장에서 보내는 시간은 이 호텔에 머무는 중요한 이유가 된다. 호텔 내의 치스파 프로그램을 이용하며 릴렉싱 타임을 보내다가 선선해지면 걸어서 나이트바자 쪽으로 나가 쇼핑도 하고 맛있는 저녁 식사를 즐겨도 좋다.

지도 p.165-K
위치 창클란 로드
주소 89/8 Chang Klan Rd
요금 디럭스 5500B, 이그제큐티브 스위트 1만2000B
(비수기 주말 기준)
전화 053-253-888
홈피 www.shangri-la.com/chiangmai/shangrila/

STAYING

아난타라 서비스드 스위트

Anantara Serviced Suits

아난타라 치앙마이 리조트에서 운영하는 레지던스 개념의 숙소로 아난타라 리조트 바로 길 건너편에 위치하고 있다. 리조트의 품격 있는 인테리어는 물론 리조트에는 없는 조리도구가 잘 갖춰진 주방과 세탁기 등이 있으며 일일 청소 서비스도 해준다. 1베드룸부터 3베드룸까지 다양하며 스위트룸이나 스위트 프리미어는 보다 여유롭고 럭셔리한 공간을 자랑한다. 루프탑에는 야경이 아름다운 풀장이 있다. 가족 단위로 내 집처럼 머물고 싶을 때 이용하면 만족도가 높은 곳이다.

지도 p.165-H
위치 아난타라 치앙마이 리조트 건너편
주소 123 Charoen Prathet Rd, Changklan
요금 1베드룸 스위트 9000B, 2베드룸 스위트 1만5000B
(비수기 주말 기준, 조식 포함)
전화 053-253-333

STAYING

르메리디앙 치앙마이

Le Meridien Chiang Mai

나이트바자 한가운데 위치해 있다는 점이 어떤 이에게는 장점이고 어떤 이에겐 단점일 수 있겠다. 호텔 바로 앞은 치앙마이 최고의 야시장답게 밤마다 시끌벅적한 불야성을 이루는데, 이국의 야시장에 매력을 느낀다면 이보다 즐거운 위치가 없겠다. 풀장은 호텔 4층에 위치한 것이 특이한데 이곳에서 치앙마이 시내와 도이수텝까지도 보인다. 룸 컨디션과 침구류는 좋은 평을 받고 있으며, 1층에 일리 카페와 선물용 아이템을 구입할 수 있는 숍이 있다.

지도 p.165-H
위치 나이트바자 건너편
주소 108 Chang Klan Rd
요금 디럭스 4500B, 르 메리디앙 클럽 9000B (비수기 주말 기준)
전화 053-253-666
홈피 www.lemeridienchiangmai.com/ko

STAYING

호텔 데 자티스트 핑 실루엣

Hotel des Artists Ping Silhouette

2015년 치앙마이 디자인상을 받은 4성급 부티크 호텔이다. 수면에 반영된 다크 그레이컬러의 모던한 외관과 절제된 오리엔탈 무드의 품격을 보여주는 호텔 내부는 갤러리를 연상시킨다. 15개의 객실과 깔끔하고 단아한 객실, 카페와 레스토랑, 잘 관리된 정원 등 호텔 곳곳의 비주얼은 진정한 부티크 호텔 그 자체. 삥강변의 뷰가 좋고 서민적인 재래시장인 와로롯 마켓도 걸어서 10분 거리에 있다.

지도 p.164-B
위치 짜런랏 로드
주소 181 Charoen Rat Rd
요금 스탠더드 2400B, 디럭스 4400B(비수기 주말 기준)
전화 053-249-999
홈피 www.Hotelartists.com/pingsilhouette

STAYING

림핑 빌리지

Rimping Village

요란스러운 꾸밈보다는 게스트들이 내 집처럼 편안히 머물다 갈 수 있도록 차분한 분위기로 꾸몄다. 특히 여유로운 공간의 패밀리 스위트룸이 있기 때문에 아이를 동반한 가족 여행자들의 관심을 받고 있는 숙소. 스태프들의 친절함은 유독 좋은 평을 얻고 있으며 아이들이 물놀이하기에도 안전한 규모의 야외 풀장이 있다. 조식을 위한 레스토랑이 있으며 공항과 버스 터미널, 기차역까지 무료 셔틀버스를 운행한다.

지도 p.165-I
주소 13/1 Soi 2 Chiangmai-Lamphun Rd
요금 수페리어 2600B, 디럭스 3400B
(비수기 주말 기준, 조식 포함)
전화 053-243-915
홈피 www.rimpingvillage.com

STAYING

반타이 빌리지

Banthai Village

티크목으로 지은 태국 전통 란나 스타일의 호텔 건물에 정성으로 가꾼 호텔 곳곳의 무성한 초록 식물들이 어우러져 중후하면서도 전원적인 느낌의 숙소다. 객실 역시 무난하고 차분한 느낌으로 꾸몄다. 다양한 유형의 객실 가운데 태국 스타일 삼각 쿠션이 놓인 테라스가 딸린 스위트룸과 더블 · 싱글 침대를 갖춘 여유로운 공간의 패밀리룸을 선호한다. 정원 옆으로 좁고 긴 아담한 사이즈의 야외 풀장이 있다.

지도 p.164-D
주소 19 Tapae Soi 3, Tapae Rd. Changklan
요금 수페리어 2500B, 디럭스 3250B(비수기 주말 기준)
전화 053-252-789
홈피 www.banthaivillage.com

STAYING

아마타 란나 치앙마이 호텔

The Amata Lanna Chiang Mai Hotel

서양인들에게 태국 북부 스타일의 건축물이나 인테리어가 매력적으로 다가가는 건 자연스러운 일인 듯하다. 오래된 고벽돌로 쌓은 담장, 단아한 전통 태국 스타일의 건물, 그리고 100여 년 된 티크 나무 장식 등 북부 타이 건축 스타일의 원형을 고스란히 전해주는 이 호텔은 주로 서양인 게스트들이 많이 묵는다. 아담한 풀장과 무성한 초록 식물로 둘러싸인 고즈넉한 분위기와 배려심 많은 스태프들을 만날 수 있다.

지도 p.165-L
위치 핑나카라 부티크 호텔 건너편
주소 222/2 Chareanprated Rd, Changklan
요금 디럭스 더블 4500B(비수기 주말 기준, 조식 포함)
전화 053-818-628
홈피 www.amatalanna.com

STAYING

핑나카라 부티크 호텔

Ping Nakara Boutique Hotel

1900년 대 초기의 콜로니얼 스타일 건축물로 순백의 호텔이 마치 우아한 백작부인 같다. 여성적인 취향이 강하게 느껴지는 이 부티크 호텔은 어둠이 내리고 따뜻한 등이 켜질 때는 로맨틱하기 그지없다. 호텔 내부는 섬세한 화이트의 수공예 장식과 다크 브라운 티크 목이 오묘한 조화를 이루며 부티크 호텔다움을 보여준다. 나카라 스파, 나카라 자뎅을 함께 운영하며 유료로 예약하면 1967년산 클래식 카인 메르세데스 벤츠가 공항으로 픽업을 나온다.

지도 p.165-L
위치 왓 차이몽콘 근처, 아만타 란나 치앙마이 호텔 건너편
주소 135/9 Charoenprathet Rd, Changklan
요금 디럭스 6800B, 로얄 스위트 1만B
(비수기 주말 기준, 조식 포함)
전화 053-252-999
홈피 www.pingnakara.com

STAYING

러스틱 리버 부티크

Rustic River Boutique

13개의 객실이 있는 삥강변의 호텔로 소박하고 조용한 분위기라 편안하게 머무를 수 있다. 공간이 넉넉한 객실은 목재로 바닥과 벽을 마감해 따뜻하고 아늑한 느낌을 준다. 보통은 카펫을 깐 호텔들이 많은데 이 호텔의 바닥은 나무로 마감돼 매우 청결하다. 웨스턴 스타일과 태국 스타일 두 가지 옵션 중 선택할 수 있는 정성 가득한 조식도 맛이 좋다는 평. 와로롯 마켓 근처의 러스틱 게스트하우스도 함께 운영한다.

지도 p.164-A
주소 84/1 Taiwang Rd, T.Changmoi
요금 스탠더드 1100B, 디럭스룸 1600B
(비수기 주말 기준, 조식 포함)
전화 096-871-4324
홈피 www.rusticriverhouse.com

STAYING

137 필라스 하우스

137 Pillars House

137 필라스 하우스는 125년 전, 영국에 본사를 둔 보르네오 트레이드 컴퍼니 건물이 있던 자리를 기초로 하여 리모델링한 럭셔리 리조트다. 137개의 기둥 위에 지어진 건축물이라서 이름도 137 필라스 하우스. 동양적인 우아함과 모던 럭셔리 콘셉트를 마음껏 펼친 이곳은 교외의 포시즌즈나 다라데비 같은 전원 속 특급 리조트에 비교되는 완성도와 럭셔리함을 자랑한다. 빅토리안 욕조를 갖춘 네 가지 유형의 객실이 모두 스위트룸으로 꾸며져 있는 것도 특별하다. 스파와 다이닝을 즐길 수 있으며 특히 초록 넝쿨 담장으로 꾸며진 야외 풀장은 싱그럽기 그지없다.

지도 p.164-E
위치 왓 껫 까람 부근
주소 2 Soi 1, Nawatgate Rd, Tambon Watgate
요금 라자브룩 스위트 1만3300B, 이스트 보르네오 스위트 1만 5000B(비수기 주말 기준, 조식 포함)
전화 053-247-788
홈피 http://137pillarschiangmai.com/en

STAYING

마크텔 & 커피

Marktel & Coffee

한 번 들어가면 도무지 나오기 싫어서 '개미지옥'이라는 얘기까지 있을 정도로 소문난 한인 호스텔이다. 1층은 카페, 2층은 게스트의 휴식 공간이며 3층에는 숙소와 공용 욕실이 있다. 젊은 오너가 운영하는 호스텔답게 인테리어가 매우 감각적이며 싹싹한 스태프들이 SNS 활동도 열심히 한다. 한국인 외에도 세계 각국의 여행자들이 이곳에 모이는 글로벌한 분위기로 친구를 만들고 정보 교환하기 좋은 분위기. 조식을 제공하는 카페에는 빈백이 놓여 있어 편안하게 앉아 시간을 보낼 수 있고, 창가 자리에 앉아 하루의 계획을 세우기도 좋다. 단, 수건은 따로 제공하지 않으니 반드시 챙겨가자.

지도 p.165-H
위치 나이트바자에서 도보 5분
주소 3/9-12 charoen prathet Rd, changklan,
요금 10베드 도미토리 240B, 2베드 도미토리 580B,
커피 메뉴 70~90B
전화 052-001-360
홈피 www.facebook.com/Marktelcoffee

STAYING

바닐라 플레이스 게스트하우스

Vanilla Place Guesthouse

경쾌한 느낌의 밝은 노란색 외관으로 꾸민 바닐라 플레이스 게스트하우스는 오픈한 지 10여 년이 되었지만 여전히 인기가 높다. 가격 대비 만족도가 높은 숙소로 트립어드바이저에서 2015년 탑 24 바겐 호텔스에 선정된 바 있다. 무엇보다도 여행자를 배려하는 여주인의 세심한 마음 씀씀이에 감동했다는 평이 많다. 근처의 맛집, 택시, 투어, 마사지숍도 여행자의 입장에서 꼼꼼히 소개해준다. 깔끔한 가정집 같은 분위기로 나이트바자까지 단 몇 분에 갈 수 있는 거리.

지도 p.165-H
위치 나이트바자에서 도보 6분
주소 73/2-3 Charoenpathet Rd, T. Chang Khlan
요금 스탠더드룸 880B, 수페리어 710B
(비수기 주말 기준, 조식 포함)
전화 053-233-926
홈피 http://www.vanillaplace-chiangmai.com/

나이트바자에서 약간 떨어진, 하지만 만족도 높은 스폿

치앙마이 시내에서 기본적으로 자동차로 20~30분 이상 외곽으로 나가야 하기에 일정이 짧은 경우라면 무리가 될 수도 있다. 하지만 태국 현지인들이 바람 쐬러 나갈 만큼 매력적인 스폿인 것은 사실. 하루쯤 교외 나들이 가는 기분으로 시도해보면 만족할 만한 몇 군데.

STAYING

다라데비 호텔 치앙마이

Dhara Dhevi Hotel Chiang Mai

정통 란나 스타일을 충실하게 재현한 건축물이 뿜어내는 우아함과 아우라가 감탄을 자아내는 치앙마이 최고의 럭셔리 리조트. 23만㎡이 넘는 광활한 부지 위에 펼쳐놓은 고대 란나 왕국의 하룻밤을 경험할 수 있다. 숙박료가 한화로 100~200만 원 사이로 호텔 예약 사이트를 이용해도 비수기에 가장 저렴하게 이용할 수 있는 객실이 50만 원 선을 넘는다. 그럼에도 불구하고 인생에 한 번쯤은 묵어볼 가치가 있다고 입을 모은다. 독특한 것은 정원에 펼쳐진 논 풍경으로 이곳에서 물소도 보고, 모내기 체험도 한다는 것. 객실은 콜로니얼 스타일, 란나 스타일, 그리고 프라이빗 별채 등 123개가 있고 아유르베다에 기초한 스파와 세계 레스토랑, 애프터눈 티 세트로 유명한 케이크숍 등이 있다.

지도 p.67-L
위치 산캄팽, 와로롯 마켓에서 썽태우로 20분
주소 1/4 Moo 1, Chiang Mai-Sankampaeng Rd, T. Tasala
요금 디럭스 스위트 2만2000B, 콜로니얼 스위트 2만B (비수기 주말 기준, 조식 포함)
전화 053-888-888
홈피 www.dharadhevi.com

RESTAURANTS

미나 라이스 베이스드 퀴진

Meena Rice Based Cuisine

자스민 라이스, 브라운 라이스, 라이스베리 라이스, 샙플라워 라이스 등 컬러가 다른 다섯 가지 쌀을 조합해 내놓는 라이스 삼각밥으로 유명한 레스토랑이다. 어떤 라이스를 주문하느냐에 따라 여러 가지 색이 조합된 밥을 먹게 된다. 밥과 함께 곁들여 먹기 좋은 메뉴로 돼지갈비 조림이 있고, 보다 태국적인 맛을 원한다면 후추과의 허브향이 강한 빤(베텔)을 넣고 튀긴 피시필레를 추천한다. 현지인에겐 주말에 가족끼리 바람도 쐬고 맛있는 한 끼를 즐기러 오는 곳으로 애프터눈 티를 즐기기에도 바람과 햇살이 너무나 싱그럽다.

지도 p.67–H
위치 산캄팽, 와로롯 마켓에서 썽태우로 30분
주소 32 Morakot Rd, Amphoe San Kamphaeng
오픈 10:00~17:00
휴무 수요일
요금 레몬글라스 샐러드를 곁들인 피시필레 180B, 돼지갈비조림 180B
전화 096–073–7422
홈피 www.facebook.com/meena.rice.based

CAFE

자이분

Jaiboon

산캄팽에 위치해 있는 자이분은 치앙마이 시내에서는 거리가 좀 있는 편이지만 케이크 마니아라면 기꺼이 달려갈 만한 가치가 있는 카페. 내추럴한 분위기의 야외 테이블이 있어서 따스한 햇살 아래서 커피에 곁들인 케이크 한 조각을 먹고 있노라면 천국이 따로 있겠나 싶다. 이곳의 케이크는 12인치 케이크를 나눈 조각으로 보통 조각 케이크의 1.5배쯤 되는 크기. 특히 진한 치즈 맛의 뉴욕치즈 케이크와 당근과 초콜릿이 들어 있는 촉촉한 레드벨벳 케이크가 압권이다. 아이스크림 위에 뜨거운 마차를 부어 먹는 마차아포카토, 진한 홍차 시럽이 주르륵 흘러내리는 치즈홍차빙수 등 좋은 재료를 아낌없이 사용하여 고급스러운 디저트가 다양하다.

지도 p.67–L
위치 산캄팽, 와로롯 마켓에서 썽태우로 25분
주소 Piankusol, San Kamphaeng
오픈 09:30~18:00
휴무 연중무휴
요금 레드벨벳 케이크 195B, 커피 메뉴 55~80B
전화 086–336–3463
홈피 www.facebook.com/Jaiboonchiangmai

CAFE

준준숍 & 카페

Junjun Shop & Cafe

원래는 님만해민의 갤러리 씨 스케이프에 있었지만 이제는 치앙마이 동쪽 산캄팽 가는 길의 산클랑으로 가게를 이전했다. 하루 300개씩 만든다는 그녀의 컵케이크는 단돈 20바트. 모양도 앙증맞은 데다 종류도 다양하다. 카페 한쪽에는 방콕에서 제품 디자이너로 일했던 준준이 직접 만든 내추럴 콘셉트의 의류와 모자, 가방, 그리고 액세서리들이 진열되어 있다. 준준에게 가는 길은 멀지만 컵케이크를 곁들여 커피 한잔하면서 숍을 둘러보는 재미에 이곳을 찾는 한국 여행자들도 늘고 있다.

지도 p.67-L
위치 산캄팽, 와로롯 마켓에서 썽태우로 25분
주소 1 Soi 2, San Klang, San Kamphaeng
오픈 08:00~17:00
휴무 월요일
요금 커피 메뉴 40~50B, 컵케이크 20B, 타이 티 45B
전화 091-989-8417
홈피 www.facebook.com/Junjunshopandcafe

SHOPPING

반 셀라돈 Baan Celadon

Baan Celadon

700여 년 전, 쑤코타이 시대의 사완카록 청자의 맥을 잇는 반 셀라돈의 도자기들은 모든 공정을 수작업으로 진행한다. 반 셀라돈을 방문하면 도자기 물레 작업, 소성 작업, 문양과 색채를 입히는 과정을 직접 볼 수 있도록 친절하게 안내해준다. 준준숍 & 카페 가까이에 있으므로 함께 둘러보면서 머그잔이나 작은 접시 등을 쇼핑할 만하다.

지도 p.67-L
위치 산캄팽, 와로롯 마켓에서 썽태우로 25분
주소 San Klang, San Kamphaeng District
전화 053-338-288
홈피 www.baan-celadon.com

Plus Area

Suburb Of Chiang Mai

치앙마이 교외

여정의 하루쯤은 특별하게

치앙마이 시내의 맛집과 카페 투어를 하고 쇼핑을 즐기고 나면 치앙마이를 다 봤다고 할지 모르지만 그것은 단지 중심인 므앙 치앙마이만을 보았을 뿐이다. 경상도의 두 배라는 치앙마이는 차로 30분 정도만 나가도 시내와는 다른 풍경을 만날 수 있고, 나가보기 전엔 상상 못 할 다양함에 놀라게 될 것이다. 너무 짧지만 않다면 여정의 하루쯤은 치앙마이 교외로 나가보자. 다음은 치앙마이 중심가에서 1시간 이내의 가볼 만한 곳을 추린 것. 혼자 우버 택시나 썽태우를 타고 갈 수도 있고 한인 게스트하우스를 통하거나 치앙마이 현지 여행사의 투어를 이용할 수 있다.

SIGHTSEEING

왓 프라탓 도이수텝

Wat Phra That Doi Suthep

빠듯한 일정 가운데 그래도 치앙마이 교외를 한 번쯤 나가보고 싶다면 수텝산 중턱 해발 1053m에 위치한 왓 프라탓 도이수텝을 추천한다. 부처님의 사리가 안치된 황금 쩨디가 있는 600년이 넘은 유서 깊은 고찰로 치앙마이 현지인들이 신성시하는 사원이기 때문이다. 300여개의 계단을 직접 오르거나 케이블카를 이용해 올라가면 황금 쩨디와 다양한 불상을 만날 수 있다. 신발을 벗고 경내에 들어서면 연꽃을 바치며 기원하는 현지인들, 기념사진을 찍느라 바쁜 관광객들로 붐벼 사실 고즈넉한 사원 분위기는 기대할 수 없다. 관광객들이 좋아하는 것은 치앙마이 시내가 한눈에 보이는 전망대에서 인증샷 남기기. 민소매나 짧은 반바지는 삼가야 하며 사원에서 금하는 일은 하지 않는 것이 최소한의 예의.

지도 p.66-A
교통 치앙마이 대학교 정문이나 창푸악 정류장 등에서 썽태우로 20~30분
※왓 프라탓 도이수텝 + 도이뿌이 1일 투어(500B~) 추천
오픈 06:00~18:00
요금 입장료 30B, 케이블카 20B

SIGHTSEEING

도이뿌이

Doi Pui

도이수텝에서 1km, 차로 15분 정도 더 올라가면 몽족의 수공예품을 파는 상가가 나온다. 이곳을 지나면 꽃밭과 작은 폭포, 그리고 우리의 예전 시골마을 같은 동네가 나온다. 몽족 의상을 빌려 입고 기념사진을 찍기도 하는데 현지인들의 사진을 찍었다면 약간의 팁을 주는 것이 예의다. 많이 상업화되어 신비감은 별로 없지만 도이수텝과 연계해서 가볼 만하다. 좀 늦은 시간에 출발하면 내려오는 길에 도이수텝의 야경을 볼 수 있다.

지도 p.66-A
교통 도이수텝이나 치앙마이 동물원 입구에서 썽태우 이용
※왓 프라탓 도이수텝 + 도이뿌이 1일 투어(500B~) 추천
오픈 08:30~15:30
요금 10B

SIGHTSEEING

그랜드캐니언 워터파크

Grand Canyon Waterpark

호시하나 빌리지에서 500m 거리에 위치한 치앙마이 그랜드캐니언은 젊은이들 사이에 스릴 넘치는 절벽 다이빙으로 인기를 끌던 인공 호수. 그러나 안타깝게도 인명 사고가 해마다 발생했고 무기한 폐쇄되나 싶다가 난간과 다이빙대를 갖춘 캐니언과 가족 단위로 놀 수 있는 워터파크로 재탄생했다. 안전을 위해 가드가 상시 대기하며 다이빙한 사람을 건져주거나 구명조끼를 건네준다. 수영을 즐길 수 있고 식사와 음료를 먹을 수 있는 카페도 있다. 현재는 치앙마이 게이트와 타패 게이트를 경유하는 BTTS 셔틀버스가 들어오므로 시간을 잘 체크해서 이용하면 편리하다.

지도 p.66-I
교통 타패 게이트, 치앙마이 게이트에서 BTTS 셔틀버스(매일 2회, 주말 3회 운행), 혹은 그랩 택시, 썽태우 이용
오픈 10:00~18:00
요금 그랜드캐니언 50B, 워터파크 500B
홈피 www.facebook.com/Grandcanyonwaterpark

SIGHTSEEING

도이 인타논 국립공원

Doi Inthanon National Park

태국과 미얀마를 나누는 산맥의 일부인 해발 2,656m의 인타논산은 태국에서 가장 높은 국립공원이다. 시내에서 도이 인타논 국립공원까지는 약 1시간가량, 매표소에서 정상까지도 약 40여 분을 차를 타고 올라야 하기에 가는 데만 2시간 이상 걸리지만 왓 프라탓 도이수텝과 더불어 치앙마이에 왔다면 꼭 가봐야 할 명소. 잘 가꾼 꽃밭이 있는 왕과 왕비의 탑 두 곳과 두 개의 폭포가 볼거리. 카렌족이나 흐몽족의 마을에 들르기도 한다. 맑은 날엔 정상의 전망대에서 구름에 뜬 것 같은 인증샷을 찍을 수 있다. 이곳은 장기 트레킹하는 서양인 여행자들에게도 인기. 일정이 넉넉하지 않다면 20분 정도 걸리는 둘레길인 잉카 트레일을 걸으며 가벼운 산책을 해보자. 기온이 낮은 편이므로 얇은 가디건 하나쯤 준비해가는 센스!

지도 p.66-I
교통 아침 8시경 출발, 오후 5시경 돌아오는 1일 투어 이용
오픈 06:00~18:00
요금 어른 300B, 어린이 150B, 1일 투어(점심 포함) 1100B~

SIGHTSEEING

버쌍 우산마을

Bo-Sang Umbrella Village

치앙마이 사람들은 '롬 버쌍'이라고 부르는, 조성된 지 200여 년 된 종이우산 수공예 마을이다. 장인들이 직접 우산살을 만들고 그림을 그려 우산을 완성하는 모습을 볼 수 있다. 엄브렐러 메이킹 센터에서 완성된 종이우산을 구입할 수 있으나 이왕이면 세상에서 단 하나뿐인 나만의 우산을 만들어 보는 것도 재미있다. 산캄팽 온천과 차로 약 30분 거리로 아침 일찍 출발하면 두 곳을 연계해서 알찬 하루를 보낼 수 있다. 매년 1월에 사흘간 버쌍 우산 축제가 열리므로 이 기간에 치앙마이에 있다면 꼭 들러볼 것.

지도 p.67-L
교통 와로롯 마켓 정류장에서 산캄팽행 흰색 썽태우 타고 30분(1인 30B)
오픈 08:30~17:00
요금 무료
홈피 www.visitchiangmai.com.au/bo_sang.html

SIGHTSEEING

산캄팽 온천

Sankamphaeng Hot Spring

와로롯 마켓이나 창푸악 버스터미널에서 썽태우를 타면 1시간 가량 거리다. 뜨끈한 물에 발을 담그고, 온천수에 메추리알 삶아서 먹고, 커피도 사 마시면서 가벼운 유원지 피크닉 모드로 바람 쐬러 가기 좋다. 온천욕을 하고 싶다면 미리 목욕 용품을 준비해 갈 것. 유료로 미네랄풀도 이용할 수 있고 발마사지도 시원하게 잘한다. 와로롯 마켓 정류장으로 돌아가는 썽태우의 막차는 오후 4시이지만 대체로 시간이 잘 지켜지지 않는 편.

지도 p.67-L
교통 와로롯 마켓이나 창푸악 버스터미널에에서 노란색 썽태우 타고 1시간(1인 40~50B)
오픈 07:00~20:00
요금 어른 100B, 어린이 50B

SIGHTSEEING

반타와이 수공예마을

Baan Tawai Village

치앙마이 최고의 수공예 예술품 판매 단지로 치앙마이 시내에서 40분 거리에 위치한다. 나무 수저나 접시 같은 작은 생활용품부터 장식품, 가구에 이르기까지 고급 티크목 제품과 불교 관련 작품들이 주류를 이룬다. 치앙마이 야시장에서 만나는 수제품의 대부분이 이곳에서 제작되는데 산지이니만큼 가격도 저렴해 지름신이 강림하기 십상. 반타와이 중심보다는 주변 공방이나 제작소쪽 물건이 퀄리티가 높은데 다 돌아보려면 몇 시간은 잡아야 한다. 여행자로서는 구경삼아 가벼운 소품 정도 쇼핑해오면 부담스럽지 않다. 창푸악 버스터미널에서 BTTS 셔틀버스가 출발하고, 올드타운 타패 게이트 버거킹 앞, 치앙마이 게이트에서 버스를 탈 수 있다.

지도 p.66-J
교통 창푸악 버스터미널에서 BTTS 셔틀버스(주중 06:30~16:30, 토~일요일 06:30~16:50, 1인 30B) 이용
오픈 09:00~18:00
전화 052-014-909
홈피 http://mychiangmaitour.com/baantawai/

SIGHTSEEING

엘리펀트 네이처파크

Elephant Nature Park

치앙마이에서 뭔가 뜻 깊은 체험을 해보고 싶다면 코끼리와 함께 시간을 보내는 매땡 지역의 엘리펀트 네이처파크를 추천한다. 코끼리 공연을 보거나 코끼리 등에 타고 트레킹하면서 마음이 편치 않았던 경험이 있다면 특히 이곳에서 반나절만 보내도 마음이 뿌듯해질 것이다. 엘리펀트 네이처파크에는 학대당하다 구출된 코끼리, 병든 코끼리 등 60여 마리의 코끼리가 있고 수백 마리의 개와 고양이도 있다. 코끼리의 아픈 사연을 듣고 먹이 주기, 목욕시키기 등에 함께 참여하는 것이 전부다. 그저 코끼리와 함께 시간을 보내며 가끔 도와주는 것뿐인데도 동물과의 공존이란 것에 대해 진지하게 생각하게 된다. 여러 가지 프로그램이 있지만 시간이 빠듯한 여행자로서는 반나절 코스인 숏파크 비지트나 싱글데이 비지트가 적당하다.

지도 p.66-B
교통 치앙마이 시내에서 차로 1시간 이상 거리(1일 투어 이용)
오픈 07:00~17:00(사무실)
요금 숏파크 비지트 2500B, 싱글데이 비지트 2500B
전화 053-272-855
홈피 www.elephantnaturepark.org

SIGHTSEEING

타이거 킹덤

Tiger Kingdom

"으르렁~" 포효하는 소리만 들어도 오금이 저리는 호랑이지만 매림에 위치한 이곳 타이거킹덤에서는 큰 고양이처럼 정겹다. 훈련이 잘 된 호랑이 100여 마리를 만날 수 있는 이곳의 특징은 직접 호랑이 우리에 들어가서 껴안고 만지며 함께 사진을 찍을 수 있다는 것. 호랑이의 크기에 따라 가격이 다른데, 자이언트 타이거와 화이트 타이거가 가장 비싼 편이다. 사육사가 동행하며 포토그래퍼를 옵션으로 선택할 수 있다.

지도 p.66-B
교통 님만해민에서 그랩 택시로 약 25분(16km)
주소 51/1 Moo 7 Rimtai, Mae-rim Chiang Mai
오픈 09:00~18:00
요금 자이언트 타이거 1300B, 스몰 타이거 500B,
화이트 타이거 1200B
전화 053-860-704
홈피 www.tigerkingdom.com

SIGHTSEEING

엘리펀트 푸푸 페이퍼 파크

Elephant PooPoo Paper Park

동물의 배설물은 때로 인간에게 유익하게 쓰이기도 한다. 아프리카에서는 소의 배설물을 이용해 집을 짓는다는데, 이곳에서는 코끼리의 배설물을 이용해 종이를 만든다. 아이와 함께 종이를 만들거나 지갑, 엽서까지 완성해보는 체험 프로그램도 있다.

지도 p.66-B
교통 타이거킹덤에서 도보 1분(약 100m)
주소 87 Moo. 10, T. Maeram, Amphur Mae Rim
오픈 09:00~17:30 **요금** 입장료 100B
전화 053-299-565
홈피 www.poopoopaperpark.com

How to go Chiang Mai

치앙마이 여행 준비

D-day 50

How to go Chiang Mai
여권 만들기

여권은 해외에서도 자신의 국적과 신분을 확인하고 인정받을 수 있는 중요한 해외 신분증으로 해외 여행을 계획했다면 가장 먼저 할 일은 여권을 만드는 것! 여권 유효 기간이 6개월 미만인 사람은 여권을 재발급받아야 한다.

여권의 종류

● 복수 여권

횟수에 제한 없이 여행할 수 있는 여권으로 5년, 혹은 10년의 유효기간 부여된다.

● 단수 여권

1회에 한하여 여행할 수 있는 여권. 출국했다가 한국으로 돌아오면 유효기간이 남아 있더라도 효력이 상실된다.

여권 발급 구비 서류

신분증(주민등록증, 운전면허증, 공무원증, 신분증, 유효한 여권), 여권용 컬러 사진 1매, 여권 발급 신청서 1매, 여권 인지대(복수 여권 1만 5000~5만 3000원, 단수 여권 2만 원)

알뜰 여권

48쪽이던 여권의 면수를 반으로 줄이고 수수료도 3000원 할인한 여권. 무비자 협정국이 늘어나며 비자를 붙이는 일이 줄어든 요즘, 웬만큼 해외여행이나 출장이 잦은 사람이 아니라면 이용할 만하다.

여권 발급처

전국 도청, 서울시청, 광역시청, 구청에 있는 여권과에서 신청하고 발급받을 수 있다. 단, 여권 신청은 본인이 하는 것이 원칙이며 예외사항이 인정될 때만 대리인이 신청할 수 있다. 여행 시즌에는 여권을 신청하려는 사람들이 많으므로 인터넷으로 방문 예약을 하고 가면 편리하다. 여권 발급 신청서도 출력할 수 있으므로 미리 작성해서 가져갈 수도 있다.

※ 여권 발급처 조회 및 여권 접수 예약 passport.mofat.go.kr

Tip

한국인의 경우 태국에 1회 입국 시 무비자로 최대 90일까지 체류할 수 있다. 단, 반드시 여권 유효기간이 6개월 이상 남아 있어야 한다.

※ 주한 태국 대사관 02-795-3098
www.thaiembassy.org

25~30세 병역 미필자의 여권

25~30세 병역 미필자의 경우에는 5년간 유효한 복수 여권과 단수 여권으로만 발급받을 수 있다. 또한 병무청에서 발행하는 국외 여행 허가서도 필요한데 현재는 인터넷으로도 간단하게 발급받을 수 있으며, 2일 정도 소요된다. 발급받은 서류는 여권 발급 신청 시 제출하면 된다.

※ 병무청 국외 여행 허가서 신청 www.mma.go.kr

D-day 40 How to go Chiang Mai
항공권 예약하기

치앙마이로 가는 항공편

직항 항공편

항공사	경 로
대한항공	인천국제공항 → 치앙마이 국제공항

인천에서 치앙마이까지 운항하는 직항 항공편은 현재 대한항공이 유일하며 주 4회, 수 · 목 · 토 · 일요일에 1일 1회 운항한다. 비행시간은 19시 10분부터 22시 50분까지, 5시간 40분 소요된다. 티케팅 시점이나 조건에 따라 60만~125만 원 정도까지 항공료가 높은 것이 흠이긴 하지만 중간에 환승하지 않아 전체 시간이 절약된다.

방콕 경유 항공편

항공사	경 로
에어아시아, 녹에어, 타이라이언에어	인천국제공항 → 방콕 돈므앙 국제공항 → 치앙마이 국제공항
타이항공 등	인천국제공항 → 방콕 수완나품 국제공항 → 치앙마이 국제공항

인천 → 방콕 → 치앙마이 항공편은 워낙 다양하고 시기나 항공사에 따라 가격대 역시 천차만별이다. 다만 명심할 것은 같은 비행기라도 같은 가격에 타는 사람은 없다는 것. 여러 달 전부터 항공권 검색 사이트에 자주 드나들면서 얼리버드 티켓을 노리다 보면 성수기의 반값 이하로 티케팅할 수 있는 뜻밖의 프로모션 항공권을 구입할 수도 있다. 중간 경유지인 방콕에서 24시간 이상 머무르는 스톱오버(Stop Over)를 활용할 수도 있지만 일정이 빠듯한 경우라면 재고해볼 문제다.

방콕 경유 항공편은 보통 한국의 인천국제공항에 비교될 만한 수완나품 국제공항과 김포공항에 비교될 만한 돈므앙 국제공항, 두 개의 공항 중 한 곳을 경유한다. 그러나 경유 항공편을 티케팅할 때 어느 공항을 경유하느냐는 사실 문제가 되지 않는다. 일반적으로 해외 항공편 가격비교 사이트에서 원하는 시간대와 가격, 경유 횟수, 경유지 체류 시간 등을 꼼꼼히 체크하여 티케팅할 것이므로 경유 공항은 그에 따라 달라진다.

다만, 에어아시아 같은 저가항공편을 이용한다면 저렴한 만큼 수하물의 허용치(면세품 포함 7kg), 환불 · 변경 시 아무래도 복잡할 수 있다는 점을 기억하자. 하지만 플라이쓰루(Fly-Thru) 서비스를 이용해 출발지에서의 체크인 한 번으로 최종 목적지인 치앙마이 국제공항에 도착할 수 있다는 장점도 있다. 에어아시아 결재 시 수하물 허용치를 높이려면 별도의 추가 금액(20kg까지 5만8000원 가량)을 더 지불해야 한다. 따라서 짐이 꽤 많다면 기내 수하물 7kg 포함 30kg까지 허용하는 타이항공이 유리할 수 있다.

Tip

항공권 예약 사이트

- 스카이 스캐너 www.skyscanner.co.kr
- 에어아시아 www.airasia.com
- 녹에어 www.nokair.com
- 타이라이언에어 www.lionairthai.com
- 타이스마일항공 www.thaismileair.com

D-day 30

How to go Chiang Mai
호텔 · 투어 예약하기

숙소를 예약할 때는 호텔 예약 사이트를 이용하는 게 편리하고 가격적인 면에서도 유리한 경우가 많다. 투어를 미리 예약하고 싶다면 한인 게스트하우스나 현지 여행사를 통하는 것도 방법이다.

호텔 예약 사이트

● 아고다

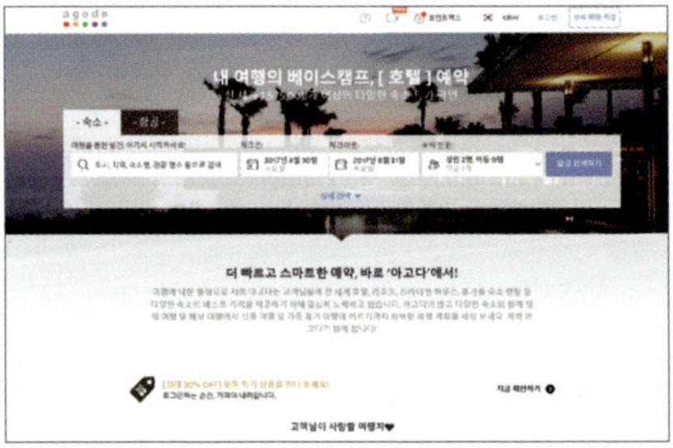

대부분의 경우에 가격이 가장 저렴해 여행자들이 선호하는 곳. 비회원도 이용 가능하지만 회원에게 최대 30% 할인된 단독 특가 상품을 선보이기도 한다. 예약 요금의 4~7%의 포인트를 적립 후 차후 결제가 가능하게 하는 혜택을 준다.

홈피 www.agoda.com/ko-kr

● 호텔스닷컴

10회 숙박 시 1박을 무료로 묵을 수 있는 혜택이 차별화된다. 11번째 밤은 호텔스닷컴과 연계된 전 세계 호텔에서 원하는 날짜에 무료로 묵을 수 있다. 덕분에 한 번 이용했던 여행객들의 충성도가 높다.

홈피 kr.hotels.com

한인 게스트하우스

● 미소네 호텔

숙소에 머무르면서 투어를 소개받거나 쉽게 예약할 수 있고, 현지 여행사보다 투어 가격이 저렴한 경우도 있다.

전화 084-045-7361 **홈피** chiangmai.itrocks.kr, cafe.daum.net/ChiangMai

현지 여행사

● 마이투어

투어는 물론 호텔, 골프, 마사지, 차량 픽업이나 가이드 등의 예약이 가능하다.

전화 070-7526-8882(한국), 080-923-9300(태국 현지)

● JDR 투어

투어는 물론 호텔, 골프, 마사지, 차량 픽업이나 가이드 등의 예약이 가능하다.

전화 070-827-10132(한국), 053-232-688(태국 현지)

D-day 20

How to go Chiang Mai
여행 정보 수집하기

인터넷 상에는 가이드북에 미처 담지 못한 여행자의 따끈따끈한 현지 정보와 여행 후기가 있다. 특히 여행 카페에서 여행자들이 직접 경험한 최신 정보를 얻는 것은 큰 도움이 된다.

아이러브치앙마이

cafe.naver.com/lovelovecm

회원 수 1만3000명을 자랑하는 치앙마이 최대 카페. '태사랑'과 더불어 가장 많은 정보가 올라오는데 아무래도 치앙마이만의 전문성은 이 카페가 최고다. 책임감 있는 매니저가 성실하게 최신 뉴스 등을 꾸준히 업데이트한다.

태국 관광청

www.visitthailand.or.kr

태국 전역의 여행 정보를 소개하는 〈Sawasdee Thailand 태국 가이드북〉 발행하여 '트래블 라이브러리'에 올려놓는다. 무료로 다운받을 수 있어 간편하게 참고하기 좋지만 단편적인 정보이거나 간혹 오류가 있는 경우도 있다.

태사랑

www.thailove.net

치앙마이를 포함한 태국 내 정보량이 월등한 카페. 진지하게 태국에 대해 공부하고 꾸준히 활동하는 유명 회원들의 활약이 돋보인다.

블로그 & 인스타그램

다소 주관적이고 비공식적인 정보이지만 가장 따끈한 치앙마이 여행의 최신 트렌드를 읽을 수 있다는 점에서 한 번쯤 살펴보면 도움이 된다.

D-day 7

How to go Chiang Mai
면세점 쇼핑하기

해외여행을 나갈 때만 이용할 수 있는 것이 바로 면세점 쇼핑. 세금이 면제된 상품을 구입할 수 있는 면세점은 시중가보다 20~30% 낮은 가격에, 각종 할인 쿠폰 등이 적용되어 저렴하게 구입할 수 있다.

면세점 종류

● 도심 면세점
시내에 위치한 면세점으로 직접 방문해서 쇼핑한다. 실물을 보면서 쇼핑할 수 있어 편리하다. 출국 당일 공항 면세점을 이용하는 것보다 한결 여유 있다. 대부분 영업 시간은 21:00까지.

● 온라인 면세점
온라인 면세점 쇼핑은 시간과 장소에 구애받지 않는 게 장점. 여행 준비에 쫓겨 시간이 부족한 여행자나 지방 거주 여행자에게 유리하다. 면세점 홈페이지에 회원 가입하면 곧바로 사용할 수 있는 할인 쿠폰도 따라온다. 면세점에 따라 출국 30~60일 전부터 구매 가능하며 온라인상에서 구입한 물건은 출국 시 공항 면세점 인도장에서 인도 받으면 된다.

● 공항 면세점
출국 심사를 마치고 난 다음부터는 모두 공항 면세점 구역이다. 도심 면세점이나 온라인 면세점을 이용하지 못했다면 이곳에서 원하는 상품을 찾아보자. 그 자리에서 바로 구입하고 물품을 인도받을 수 있어 편하다.

Tip

주요 면세점

● 동화면세점
주소 서울시 종로구 세종로 광화문 빌딩 211 지하 1층
전화 02-399-3000
홈피 www.dutyfree24.com

● 롯데면세점(소공점)
주소 서울시 중구 소공동 1 롯데백화점 본점 10층
전화 02-759-8360
홈피 www.lottedfs.com

● 신라면세점
주소 서울시 중구 장충동 2가 202
전화 02-2230-3662
홈피 www.shilladfs.com

● 워커힐면세점
주소 서울시 광진구 광장동 산21 워커힐 호텔
전화 02-450-6350
홈피 www.skdutyfree.com

● 롯데면세점(부산점)
주소 부산시 부산진구 부전동 503-15, 롯데백화점 부산점 7~8층
전화 051-810-3880

● 신라면세점(부산점)
주소 부산시 해운대구 해운대해변로 296 (중동)
전화 1577-0161

D-day 3

How to go Chiang Mai
환전하기

치앙마이를 포함한 태국 전역에서는 바트화를 사용한다. 한국에서 미리 바트화를 넉넉히 환전해 가거나, 일부 바트화를 준비하고 나머지는 국제현금카드(EXK 카드)를 만들어가는 것도 편리한 방법이다.

인터넷 환전

거래 은행의 인터넷 뱅킹으로 환전하면 시간도 절약될 뿐만 아니라 환전 우대를 받을 수 있다. 환전한 금액은 원하는 지점이나 해당 은행의 공항 지점에서 수령이 가능하다. 단, 반드시 통장에 잔고가 있어야 한다.

국제현금카드 만들기

치앙마이에서는 주로 현금을 쓰게 되지만 보통 500바트 이상이면 카드 결제도 가능하다. 실제로 현지에 가면 국제현금카드, 즉 EXK 카드가 매우 유용하다. EXK 카드는 치앙마이 현지에서 바트화를 바로 인출할 수 있는 현금카드로, 특히 장기 여행을 하거나 여행 자금을 예측하기 어려울 때 한국에서 만들어 가지고 가면 매우 유용하다. 초록색의 카시콘 뱅크 Kasikorn Bank의 ATM 기기에서 인출하면 수수료가 상대적으로 매우 저렴한 장점이 있다.

Tip

환전 수수료를 절약하려면 위비뱅크(우리 은행), 올원뱅크(농협) 등 은행의 환전 어플을 이용하자. 최대 60% 정도까지 환율 수수료를 우대받을 수 있다. 미리 예약하면 원하는 날짜에 원하는 지점에서 환전 화폐를 찾을 수 있다.

현지에서 ATM 이용하기

국제 현금카드를 만들어 왔지만 막상 외국에 나가 낯선 언어가 적힌 기계 앞에 서면 당황하기 쉽다. 현지 ATM을 이용해 현금 인출하는 방법을 간단히 정리해보았다.

현지에서 ATM 이용하기

❶ ATM에 사용 가능한 카드의 종류가 명시되어 있는지 체크한다.(Visa, Master, Cirrus, Plus 등)

❷ 카드를 화살표 방향으로 밀어 넣는다.(Please, insert your card)

❸ 비밀번호를 입력한다. (Enter your pin number)

❹ 현금 인출 버튼을 선택한다. (Withdrawal Cash 선택)

❺ 원하는 금액만큼 숫자를 입력한다.

❻ 사용 시 수수료가 부가된다는 내용에 동의하면(YES 버튼 선택), 현금이 인출된다. 동의하지 않는 경우(NO 버튼 선택), 인출이 중단된다.

D-day 2

How to go Chiang Mai
짐 꾸리기

이제 출국 전 마지막 단계인 짐 꾸리기. 아래 목록을 보고 빠진 것이 없는지 다시 한 번 확인하자.

종류	세부 항목	확인	비고
여권과 여행 경비	여권		●여권 분실에 대비해 여권 사본과 여권 사진 2매를 반드시 준비한다.
	여권 사본과 여권 사진		
	항공권(항공권 사본)		
	여행 경비		
	신용카드(국제현금카드)		
	마일리지 적립 카드		
	여행자 보험		
의류	긴 바지		●대체로 여름 날씨인 치앙마이에선 최대한 심플하게 입는 게 답. 또 빨면 바로 마르는, 구김이 가지 않는 가벼운 옷이 최고다. 하지만 일교차와 과도한 냉방에 대비해 긴팔 상의 하나쯤은 챙기자. 굳이 옷가지를 다양하게 챙겨 가지 않더라도 스트리트 마켓에 가면 매우 저렴하고 실용적인 옷도 많다.
	긴 소매 상의		
	반바지		
	반소매 상의		
	속옷		
	수영복		
	모자		
	선글라스		
	슬리퍼		
세면도구와 화장품	치약 & 칫솔		●대부분의 호텔에 세면도구는 비치되어 있지만 게스트하우스 · 호스텔에 묵거나 자신에게 맞는 브랜드가 따로 있다면 준비하자.
	비누 & 샤워 타올		
	샴푸 & 린스		
	면도기		
	빗		
	손톱깎이		
	화장품(선크림)		
	물티슈		
의약품	지사제		●특히 노약자나 어린이를 동반했을 경우 음식이나 물로 인한 배탈에 대비해 소화제, 지사제를 꼭 준비하자.
	소화제		
	감기약		
	반창고		
카메라와 노트북	카메라		●여행의 추억을 간직할 카메라와 여행 기간에 맞는 메모리, 충전기 등도 반드시 체크하자.
	카메라 액세서리		
	노트북		
기타	필기구		●여행자에게는 친구나 다름없는 가이드북과 읽을 책도 챙기자. ●젖은 빨래 등을 보관할 수 있는 지퍼락 비닐백도 유용한 아이템.
	가이드북		
	책		
	MP3		
	보조 가방		
	비닐백(지퍼락 등)		
	기호식품(고추장 등)		

D-day How to go Chiang Mai 출국하기

국제선에 탑승하기 위해 공항에 갈 때는 시간적 여유를 두고 일찍 출발하는 것이 좋다. 일반적으로 출발 2~3시간 전에 도착해야 공항에서 필요한 절차를 무리 없이 처리할 수 있다.

인천국제공항으로 가는 교통편

한국 최대의 공항인 인천국제공항까지 가는 일반적인 교통편은 공항버스나 공항철도. 공항버스는 서울과 수도권은 물론 전국 각지에서 연결되어 가장 많이 이용한다. 공항철도는 서울역을 비롯해 지하철 1·2·4·5·6·9호선과 연결되어 편리하다.

● 공항버스

가장 보편적으로 이용하는 교통수단이다. 일반 공항 리무진버스부터 고급 리무진버스, 시내버스, 시외버스 등을 이용해 공항으로 갈 수 있다. 인천국제공항 홈페이지(www.iiac.co.kr/airport/traffic/bus/busList.iia)를 참고하면 지역별 버스 노선과 요금을 확인할 수 있다. 지방행 버스는 인터넷 예매(www.airportbus.or.kr)가 가능하니 미리 체크하자.

● 공항철도

비교적 요금이 저렴하다. 서울역에서 출발해 공덕, 홍대입구, 디지털미디어시티, 김포공항, 계양을 거쳐 인천국제공항까지 간다. 일반열차로는 약 53분, 직통열차로는 약 43분 소요된다. 아시아나항공 · 대한항공 이용객은 서울역에 위치한 도심공항터미널에서 탑승수속이 가능하다. 자세한 사항은 코레일 공항철도 홈페이지(www.arex.or.kr)를 확인하자.

● 승용차

이동 시 인천국제공항 고속도로를 이용하면 된다. 고속도로 통행 요금을 지불해야 하며, 자동차를 공항에 주차하려면 주차 비용을 내야 한다. 주차 관련 요금은 인천국제공항 홈페이지(www.airport.kr)를 참고하자.

출국 절차

인천국제공항 도착 → 해당 카운터 확인 → 탑승 수속, 짐 부치기 → 세관 신고 → 탑승구 통과 → 보안검색 → 출국심사 → 면세 구역 → 비행기 탑승

Tip

출국장 이동 전 확인할 것

- □ 여행자보험에 들지 않았다면, 여행 중 혹시 모를 불의의 사고를 대비해 출국장 이동 전에 가입해두자.
- □ 한국 휴대폰을 로밍할 계획이라면 공항 내 통신사 부스에 문의하거나 요청하면 된다.
- □ 면세 구역 내에서도 환전할 수 있지만 현금을 출금할 수는 없으므로, ATM에서 현금을 출금해 환전해야 한다면 출국장으로 이동하기 전에 미리 해두자.

인천공항의 긴급 여권 발급 서비스

여권 재봉선이 분리되거나 신원 정보지가 이탈되는 등 여권의 자체 결함이 있거나 여권 사무 기관의 행정 착오로 여권이 잘못 발급된 사실을 출국 당시에 발견한 경우, 또는 국외의 가족 또는 친인척의 사건 · 사고로 긴급히 출국해야 하거나 기타 인도적 · 사업적 사유가 인정되는 경우에는 긴급 여권 발급 서비스를 이용할 수 있다.
여권 발급 신청서와 신분증, 여권용 사진 2매, 최근 여권, 신청 사유서, 당일 항공권, 긴급성 증빙서류, 수수료 등의 제출서류가 필요하다. 1년 유효기간의 긴급 단수 여권이 발급되며 발급 시간은 1시간 30분 정도 소요.

● 외교부의 인천공항 영사 민원 서비스 센터

위치 인천국제공항 3층 출국장 F카운터 쪽
오픈 09:00~18:00, 법정 공휴일 휴무
전화 032-740-2777~8

INDEX

ㅇ

ㅈ

ㅊ

치앙마이

미니 x 100배 즐기기

초판 1쇄 2017년 9월 18일

지은이 옥미혜

발행인 양원석
본부장 김순미
편집장 고현진
책임편집 최혜진
디자인 나이스에이지
지도 도마뱀퍼블리싱
해외저작권 황지현
제작 문태일
영업마케팅 최창규, 김용환, 이영인, 정주호, 양정길, 이선미, 신우섭, 이규진, 김보영, 임도진

펴낸 곳 (주)알에이치코리아
주소 서울시 금천구 가산디지털2로 53 한라시그마밸리 20층
편집 문의 02-6443-8892 **구입 문의** 02-6443-8838
홈페이지 http://rhk.co.kr
등록 2004년 1월 15일 제 2-3726호

ISBN 978-89-255-6232-2(13980)